郭韶明
方奕晗 / 主编

加油吧！实习生

北京联合出版公司
Beijing United Publishing Co.,Ltd.

图书在版编目（CIP）数据

加油吧！实习生 / 郭韶明，方奕晗主编 . -- 北京：
北京联合出版公司，2016.3
（职场进化论）
ISBN 978-7-5502-7242-2
Ⅰ. ①加… Ⅱ. ①郭… ②方… Ⅲ. ①成功心理－通
俗读物 Ⅳ. ① B848.4-49
中国版本图书馆 CIP 数据核字 (2016) 第 039748 号

加油吧！实习生

主　　编：郭韶明　方奕晗
责任编辑：朱洁譞　夏应鹏
封面设计：柏拉图

北京联合出版公司出版
（北京市西城区德外大街 83 号楼 9 层 100088）
北京山华苑印刷有限责任公司印刷　新华书店经销
字数 175 千字　880mm × 1230mm　1/32　8 印张
2016 年 5 月第 1 版　2016 年 5 月第 1 次印刷
ISBN 978-7-5502-7242-2
定价：29.80 元

本书若有质量问题，请与本公司图书销售中心联系调换。
电话：（010）64243832　82062656

序言

帮你播种职场的“可能性”

这本书是给即将大学毕业的学生们，以及初入职场的年轻人编的。

很久以前听到一个话题，说的是如何把自己退回到一个实习生。这位成功人士从老本行里退出来，投入到一个全新的领域。每天他都需要把自己退回到一个实习生的状态，去接受新东西，做新决定。他说，只有这样才能更好地迎接第二天。

那天我正在开车，突然就很感动，觉得这位成功人士也好，职场大咖也好，是真心地愿意退回到最初的状态，去投入眼前这件事。

实习生这个阶段有多么难得，只有走过了回头去看，你才会发现。这是你职业生涯的第一个阶段，它并不长，最多也就三年左右的时间，很快你就会褪下新人的外衣，成为标准的职场人士。之后你当然也会经历波折，但是很容易被记忆过滤掉。而初入职场那几年，你遇到的那些人，经历的那些事，就像一个时间锚一样，能够迅速就把你拉回到那个什么都不懂，一切需要自己去试错排错的初始阶段。

我身边很多朋友，都是在 30 岁左右完成了职业转换，很少有人在 35 岁之后再考虑转型。这就是职场中的 30 岁现象。没有初入职第一个阶段的摸爬滚打，第二个阶段就会比较被动。

社会学家鲍曼把后现代的人格分为两种，一种叫作观光者，一种叫作流浪者。观光者是那些主动变化者，他们首先厌倦了自己的环境，观察到新欲望的产生，于是果断走出舒适区。流浪者是那些不得不走的人，他们的走是因为环境厌倦了他们的存在，他们别无选择。

我们都无法预知第二个阶段会迎来什么，但可以做到的是，在第一个阶段让自己更快地成长成熟。在每一件事上，都用高水准要求自己，当高水准成为一种惯性，那些对付的、刚及格的，或者没有拿到高分的，在自己这儿首先就过不去。你可能都没有意识到，是在什么时候种下了这些“可能性”，只是种得多了，接下来的机会也就多了。

本书的内容，是近几年关于实习生阶段诸多话题的积累。

如果说将近十年的编辑职业中我懂得一个道理，那就是“对谁说话”决定你如何运作手中的文本。同样的一个选题，编辑和作者讨论的时候用的是一种语言，最终呈现的时候，用的很可能是另外一种语言。前期运作阶段，怎么全方位都是必要的，可是到了最终版本，全方位一定是最让人厌烦的。

我们的说话方式是从讲故事开始。当然，这些故事对于解决你的职场困惑很有意义。我们精挑细选了这些困惑。比如，如果同事参了你一本，到底谁该为我的伤心负责，例会成了私事曝光会，要不要把职业理想拴在一个人身上……谁都可能遇到类似的问题，你不难从中找到你的菜。看过故事之后，你还会看到这个话题的“专家解读”。如果把阅读顺序倒过来，你可能就会有一点不爽，为什么让我去听一堆大道理？我没有时间，我还有更有意思的事去做。

我们的注意力就是这样挑剔。如果一件事情你觉得没意思，一定不愿意在它身上投入哪怕一分钟。但是，如果一件事情你觉得有趣，它不声不响就把你吸进去了，那么，你耗费几个小时甚至几天也无妨。这本书当然不是给专家以及同行看的，所以我们尽可能做到生动有趣，同时传达编辑部对这些话题的态度。但是有没有达到目的，读者说了算。

郭韶明

目录

1 “第一学历”的杀伤力有多大

2 人生从怀才不遇开始

5 知道你的老板在“潜水”吗

1

“第一学历”的杀伤力有多大

一个人职业发展起点的高低与个人的“硬件”有关，而发展的速度与个人规划有关。只有看到未来的人才能把握现在，而只有把握住现在的人才能看到未来。作为一名实习生，要将职业发展视为人生的马拉松，起跑线虽然重要，但更重要的是方向、策略和耐力。

职业背景的底色让我闹心

故事一 丨“第一学历”的杀伤力有多大

“现在国家公职人员在选拔人才和评定职称时，只看第一学历。”李波的女朋友总是喜欢拿这个揶揄他，她知道在这个问题上，李波最不禁逗，一逗就急。

果不其然，女友话音未落，李波就大声反驳：“什么叫‘第一学历’？要说第一学历，大家都是从幼儿园开始的；要讲出身，大家都是文盲出身。你难道不知道有一句名言叫‘英雄不问出处’吗……”

在李波的公司，有一条不成文的规定，如果你在应聘时不断强调你毕业于某某名牌大学，那么恭喜你，你的面试 over 了。

这是一家公关公司，成立于 2003 年，目前已有员工上百人，李波是这家公司的创办者。2002 年，李波毕业于某名牌大学新闻学院，硕士学历。他不仅热心肠，而且很能干，组织能力也很强，本来院里已经决定让他留校，然而在准备材料的过程中，学校却突然宣布一项新的规定，留校学生的第一学历必须是部属高校和一类重点高校，李波由于“出身贫寒”，第一学历仅为普通高校，未能符合要求。

可以说，当时这件事对李波的影响是非常大的。研究生毕业后，他的同学纷纷在各中央和地方媒体找到比较满意的工作，李波却一度沦为“无业游民”，那时的他，堕落而且迷惘。

每次听到“第一学历”这个词，李波就有些气不打一处来。

阴差阳错，李波跟一位朋友开始合办公关公司，刚开始算上他们俩，员工才五个人，办公地点是一间出租房。李波坦言，起步很难，但正是因为难，他们才更加尽心尽力，树立了良好的口碑和信誉，客户越来越多，项目也越做越大。现在，他们的客户包括汽车、IT和家电等行业的大企业，业务发展良好。

“我们公司招人，只看能力，不看学历。”李波强调。

和李波一样，小菲来自河北一个比较偏远的农村，1999年考上北京的一所专科学校，成为村里飞出的“金凤凰”。然而，在北京求学那几年，她发现，在现代社会中，专科学历远远不够。2002年专科毕业后，她留了下来，在西郊租了一间简陋的小平房，准备参加人大法律专业的自考。

由于家庭条件比较差，小菲在准备自考的同时，还找过几份兼职，她当过家教，做过问卷调查，还在麦当劳打过零工……工作之余，她一心扑在学习上。她知道，晚一年毕业，她就必须晚一年参加工作，晚一年赚钱养家糊口。

功夫不负有心人。除了英语外，小菲的其他自考科目都顺利通过了。在其他同学纷纷半途而废时，小菲坚持了下来，第三年，小菲终于通过所有科目的考试，拿到本科学历。

顺利通过自考的小菲，在找工作时却百般艰难。考公务员，要看“第一学历”；事业单位，也要看“第一学历”；招聘会上，不少招聘单位一听是自考生，连简历都不收……

后来，小菲好不容易在一家私人律师事务所找到一个实习的机会。一年后，她跳槽了，成功受聘于一家颇有名气的外企。现在的她，身着职业套装，进入高档写字楼，俨然一名成功白领。

小菲向别人介绍自己时，总是嫣然一笑：“我毕业于人大法学专业。”

故事二丨后天努力可以弥补“出身”不足吗

如果时光倒退五年，王玲玲怎么也不会想到，自己竟然会把“出身贫寒”挂在嘴边。

王玲玲现在是一家知名外企的企划部部长。他们公司在西部某大学设立贫困生助学金，作为该项目的主要负责人之一，她来到这所大学，与学生进行交流：“我也是从农村走出来的，出身贫寒。我想告诉大家的是，贫困是成长过程中最好的老师，希望你们能好好学习，用知识改变自己的命运。”

王玲玲在发言时不断“自曝家丑”，她说，1999 年她刚到北京上大学时，是个十足的“土包子”。很多同学都会上网聊天、查资料，有的人甚至拥有自己的电脑，而她却第一次见到电脑的庐山真面目，更别说用了。刚开始上电脑基础课的时候，王玲玲因为不会打字，经常受到同学们的嘲笑。

巨大的差距，让她陷入深深的自卑之中。另一方面，她的内心又极度好强、敏感，有强烈的自尊心。她不愿意让人家知道她是从农村来的，更不能接受自己比别人差的现实。于是，她夜以继日地练习打字，学习网络知识和具体操作。

终于有一天，同学们发现，那个昔日还是“电脑盲”的女生，居然能回答老师提出的各种奇怪问题。在国家计算机二级考试中，玲玲以 96 分的高分获得了全校第一名，名噪一时。

介绍这些时，玲玲有些激动，可以看出，她是以此为豪的。她说，我们不能苛求出身，却可以通过自己的努力，弥补和改变出身的不足。

然而，理解并接受这些话，对五年前的王玲玲来说，却有些困难。当时，玲玲刚刚大学毕业，初涉职场。

当时的她还是一个实习生，全然没有现在的自信，而是一个自尊与自卑的矛盾体。一方面她希望表现自己，得到同事们的认可与赞赏；另一方面，她又有些自卑，觉得自己来自农村，与城里长大的孩子有着天壤之别。举个简单的例子，在新员工入职欢迎晚宴上，好多同事都能歌善舞，有一技之长，而玲玲却什么都不会。轮到自己表演时，玲玲恨不得找个地洞钻进去。

十几年寒窗苦读，玲玲怎么也没想到，会读书、成绩好并不算特长。

好在她有股不服输的劲儿，天赋也不算太差，总是能在最短的时间里抹平与同事的差距。可那时的玲玲，最不愿意谈论的还是自己的出身、家庭，以及与此相关的一切，心里想的是如何让自己更像一个“城里人”。

两年后，因为工作表现出色，玲玲被提拔为科室负责人。这时的她，衣着得体，谈吐大方，谁也不会把她跟两年前那个站在台上面红耳赤、手都不知道往哪儿放的小姑娘联系在一起。

玲玲说，现在想想，以前的她有些幼稚可笑，但正是因为那个时候的稚嫩，才有了现在的成熟。

（黄少华）

专家点评

人才消费注重学历出身
选择通道致力提升自我

在物质贫乏的时代，能吃到东西就是幸福的。但在物质极大丰富的今天，人们的好感已经不仅仅以“拥有”为满足，而且升级为对品牌的追捧。一方面是因为物质极大丰富，鱼龙混杂，人们在不具备专业鉴别力的情况下，只好以品牌为鉴别原则；另一方面，人们在消费品牌的同时，也在完成自我身份的定位。

同样在职场上，“物质”极大丰富而形成的买方市场，使得有“品位”的组织，开始刻意去消费有“品位”的人才，于是职业背景就成为一种关注点。

其实，谁都知道一个人的职场贡献完全在于其“人—职”匹配情况，而不是他的历史、学历以及出身。不过细究之，“人—职”匹配的水准，很大程度上取决于这个人所接受到的系统化教育训练。就这一方面而言，名校的确有这方面的优势。

因此，以第一学历来定位人才，其实在某种程度上也不是毫无根据的。而且，现实中我们也可以看到，不少有志之士从非主流学校到名校读研究生，但是由于中国研究生教育缺乏训练的系统性与严谨性，所以毕业时与本科读名校的学生差距非常大。所以有这样的说法：一个名校的本科生要远远地强于一个差校的研究生。

所以，招聘单位特别关注第一学历，其背景如斯。

不过话又说回来，轻率地用这种方式来衡量一个人的潜力也未免有些武断。君不见胡润财富排行榜中常会出现无名校镶边的“猛人”。只是，毕竟这样的情况少之又少，而且企业HR招人更多地用“劣汰”的原则：把所有可能会淘汰一个人的原因找出来，找不出来时就留下来。这样一旦出问题，HR也可免其选人不当之咎。

总而言之，用第一学历作为选人的一个重要指标，有一定的合理性，并且在一段时期内会继续成为招人部门一致认同的重要因素。

所以，那些出身非名校的人士，也只能看清形势少一些抱怨，并且努力寻找新的人才上升通道——并不那么看重第一学历的通道。

通道之一是创业，的确许多人被逼创业，竟也成就了一番别致的成就；

通道之二是做出些成绩，并获得一些知名人士的鼎力推荐；

通道之三是获得不那么诱人，从而不特别关注第一学历和出身的岗位，并做出不凡的成绩，以此消除人们的偏见。

如同某位作家说的“三代才能培养出一脉贵族”，如果你不能为自己的历史留下些引以为荣的脚印，未来也难有突破。谁会相信一个差校毕业、小公司跳来，又没有社会背景的人，能够有超乎想象的潜力。这种推荐的风险太大了，是很多公司都不愿意尝试的。因此，无骄人背景的你，好好去寻找并抓住上面的三个通道努力吧。

至于该如何看待自己的职业背景，我想，自信积极的人会认清自己的不足，然后努力寻找上升通道；而自卑消极的人，可能真的就被这种不美的背景定型成一个非主流的人。

因为在这个世界上，资源是有限的，为了分配这些资源，人就会被自动分类分层。而层与类的产生，是无法从基因上区分的，那么只好从经历上区分了。而且，这种资源分配方式具有马太效应：得多者愈可多得。所以，虽然一个人的历史不可改写，但需要正视，同时开始努力，把未来写得优秀一点。

另外，在你还没有成功的时候，对不够带劲的职业背景多一些隐讳是无可厚非的。毕竟一个没有成功的人去给别人讲不成功的历史，得到的只能是同情，以及进一步的自我不成功定位。

而且，一个人获得的利益大小，经常也与这种身份关系密切。比如把“人大自考文凭”说成“人大法学专业毕业”，那么给人的印象会立即提升一个档次，获得的尊重与认可自然会高一个层次，可以附加而得的利益也会提高一个层次。因此，先有自知，然后在特定的场合说特定的话，这是一种职业成熟。

只有当成功到了不可动摇的地步时——比如黄光裕、“80后”新贵们那样——再语重心长地讲自己不那么成功的职业背景，才是一种“历经艰难终有所成”的豪情。听者，唯一增加的是对当事人的敬佩。所以，你要做的是努力把自己变成一个成功的人，并展现新的历史。

（全球职业规划师　谢伟）

我的龙套还要跑多久

故事一 | 我想当主角

晏铃阴差阳错，找到了某大型国企综合管理部的实习机会。

所谓综合管理部，前身是总经理办公室，但业务越来越多，除了应对文山会海，还要兼管人事、宣传，甚至连工资表也要兼做，于是干脆更名。而所谓阴差阳错，源于晏铃的专业和手上的工作完全不相干，她学的是物理，如今做的呢？用她的话来说就是“大丫鬟”。

刚来那会儿，晏铃真的像个丫鬟。

她是小字辈，办公室里复印、发传真、接电话，开会时端茶倒水、聚餐时订房间等杂活都是她干。同室的张姐、李姐、王哥看起来对晏铃都不错，但谁都能使唤她，这样说吧，只要有人喊“谁来帮个忙？”这个“谁”就特指晏铃。

半年后转正，写总结时，晏铃发觉词穷。每天都在忙啊，每天都笑得脸上一小块肌肉疼，为什么落笔时竟没什么可写？晏铃扶着头，想了想过去在学校的日子，那时，她当班长，学习、参加社团、组织活动，每天她都知道自己要干什么，每个学期结束都有成绩单或奖状来证明干过什么，现在呢？时光如流水，如白开水。更可恨的是，同事总将她的名字喊错，有时是“小张”，有时是“小王”，晏铃知道这都是以前在这儿工作过的人的名字。唉，她越发觉得自己像个千人一面的龙套。

“哪怕当丫鬟呢，也有柳五儿和金鸳鸯的区别。”晏铃握紧拳头，“不能总有我行，没我也行，我要做一个重要的人。”

怎样才能变得重要？只有去做最重要的事儿。

晏铃想了又想，通过这些日子的观察她已知晓，综合管理部的核心任务是写各式材料，而好笔杆子难求，领导不止一次地表达了对现有汇报、纪要、规章写作的不满。晏铃是理科出身，但文字功底一向不弱，她的问题在于怎样掌握这类文章的写作模式，以及让领导知道自己有意向此方向发展。

晏铃向领导提出借阅以前的各式报告时，领导有些诧异，但目光中明显流露出鼓励。“现在的年轻人就是机灵！”领导感慨地说。

此后的事不难想象，一个又一个深夜，晏铃嚼着糖提神，一个字一个字在电脑上敲，第二天早上再忐忑不安地呈交给领导，悄悄观察领导的脸色……说实话，写报告总是枯燥，但晏铃看着人手一份自己写的东西时，又有一点满足感——我不再是可有可无的人。后来这工作任务竟完全落到晏铃一个人身上。

晏铃变成了办公室里最忙的人，但忽然间，也成为最有权挑活儿的人。打杂的事即便她想做，但电脑里文档已经打开，标题已经写好，找她做事的人话到嘴边也只好咽下去，只剩一句“你忙吧！”

除了这些，还有别的好处。比如，每逢重大会议或活动，她的任务和别人不一样，也就被特批只做自己的事儿，倒也省心；又如倒休或晚来点，早走点，领导都笑眯眯无意见，晏铃的时间、节奏比别的同事宽松许多；更重要的是，渐渐地她把宣传这块儿的事情也接过来了，和各大媒体、单位各部门打交道，组织、协调、沟通，晏铃觉得她和两年前刚工作时完全不一样，老练也干练了许多。

不过，日子久了，晏铃又有些茫茫然。

她在思考自己的核心竞争力。她的工作干得是不错，但做得再好也敌不过国企论资排辈的老规矩，前途在哪里，她不知道。万一有一天，她想离开现在的单位，走出去，她还有多少资本和别人竞争。还有，办公室、宣传工作说起来是万金油，她没有专业感，当笔杆子，做传声筒，她已心生厌倦。

晏铃又像当年一样，埋头苦想。

单位、部门就是她的平台，这平台唯一让她觉得有亮点、有发展的工作内容就是人事。这些年，人事管理的相关政策不断出新，单位没有专门的人力资源部，而照现在的发展趋势 …… 平时，晏铃也多多少少能接触一些相关工作 …… 晏铃决定报考人力资源师。

单位成立人力资源部时，晏铃是唯一一个有证、有相关工作经验的。

综合管理部的领导不愿放晏铃走，负责组建新部门的人力邀她加入，一切像是甜蜜的抉择。这时，整个单位不再有人把晏铃的名字喊成“小张”或“小王”，晏铃在博客里写道：“哪一件事不需要策划或经营呢？只要你想做好。未雨绸缪、审时度势，不仅为了谋生，也为取得自己生活的安排权——我想当主角。”

故事二丨丢不掉的店小二命

调整，听起来是个中性词，可如果前面加个“被”，就有悲剧色彩，我想说的是，我已经悲怆了很久。

没错，从刚进公司实习的第一个会开始。

报到的第一天，人事部开了公司业务部门说明会，了解个人意愿、双向选择之后最终定岗。我选了运行部，这虽然不是公司的核心增值业务，但绝对是个不可或缺的部门。我的据实相告实在太具说服力了，跟我一同入职的同学不但在运行部前面的小方框里画了勾，还特意跑到人事部的领导面前毛遂自荐了一番。

于是，我就狗血地悲剧了，霉运跟我正式义结金兰，至今如影随形。

我“被”搞到研发部，分到彪哥的项目组。这个很江湖的称呼还让我小小兴奋了下，你想，都“彪”哥了，他的项目肯定也很彪悍。可是，事实远非如此。

这个项目甚至没有专门立项，它是行政命令高效化的明证，领导只是拍了拍油光锃亮的脑门，五个人的小组就诞生了。新人做配角天经地义，只是，一定要在这个迷你型小组里吗？看看组里那两个外包公司来的哥们儿，我心里更是凉透了，值钱家当都不会交给外人，彪哥还真是姥姥不疼舅舅不爱的可怜孩子。

显然，我不能要求换部门，成功的概率太低，搞不好，还让领导们认为我挑三拣四，工作态度不积极，这里要的是不计得失的螺丝钉精神。与其做凤尾，不如挺直了胸膛做鸡头，一前一后，差别大了去了。我颇为阿 Q 地自我鼓励了一番，矬子里面挑将军，好歹我也算是正式员工，怎么着也应该比外包的那俩哥们儿有优势。

四个月后，外包公司的两个人被派往别处，我全盘接手了这个程序，负责数据维护。我们管这个叫“料理后事”，说白了，就是修修补补，出力不讨好的活儿。看出来我的不情愿，彪哥劝我，说到底是你一个人负责一摊事，总比老是给人四处“打零工”强。

不得不说，那个可恨的“鸡头”思维误导了我。在长达半年的时间里，我都在绞尽脑汁思考妙计良策，为的就是改错纠偏，摆脱每天各式各样的“耳提面命”——“销售数据今天下班前无论如何要给我”“后台的语句有问题，赶紧看看是哪里的故障”“能不能加个功能”……

疲于应付，对，我的角色就像个店小二，工作甚至比跑堂还要累，你不但要记下那些大爷点了什么菜，还得跑到厨房亲力亲为，做好以后端出来。我开始后悔，悔得肠子都青了，不过是当初心无城府的一句话，竟然就沦落成了龙套项目组里的小龙套。还有比这更悲摧的事情吗？忍无可忍之际，我去找了彪哥，委婉地陈述了当下的工作状态，表达了尽快成长的迫切愿望。

时间机遇刚刚好，彪哥沉吟半晌，同意我把工作交给刚从外包公司派来的新同事。办完交接，我如释重负，一年来的郁结之气喷涌而出，就在我摩拳擦掌准备从头开始的时候，我被调到了电子商务部，丢掉烫手的山芋的同时，我也成了彪哥组里唯一一个手边无事能供抽调的人。

这是我始料未及的。在彪哥那里，虽说边缘，但用的还是专业所学；在这里，讲的是业务，我的技术不过是辅助手段，学的用不上，要用的没学过，最要命的，我又成了新学徒。

那些“老人”们会不情不愿勉为其难地跟你讲电子商务，时不时来点英文，一句两句就特不耐烦地让你上专业网站自己了解。不管你是不是能弄得明白，都会马上提一堆需求让你完成。

这让我觉得难堪，我的专业决定了我在这里的工具化色彩，但谁愿意被当成傻小子使唤呢？被边缘化的心理暗示折磨得我寝食难安，尤其是你被评级评成了倒数，每月的报销额度低于平均数的时候，那种渺小微不足道的负面评价就完全主宰了我的自我认知，打击得我抑郁难当，颓丧不已。

一朝被蛇咬的恐惧效应让我的自救措施仅限于调整心态。我担心的是，万一像上次那样，失去安身之本再“被”调整，我估计就得永无休止地跑龙套，当学徒。比起咬牙坚持，这显然更无法容忍。

（禾禾　凯文）

专家点评

职场角色不因权力而来
认清自己不做牵线木偶

以前，我曾经想要做一次培训活动的主持工作，但只被同意去负责其中的组织工作。做组织的工作，在那时的我看来是配角，做的全部是琐事，而且不被人所知，所以最后我拒绝了参与那项工作。

事隔几年，我重新申请做当年被我拒绝的工作，而且专门负责组织工作。在组织的过程中，虽然有时觉得的确琐碎，但随着过程中每个细节、每个人被关注到，我觉得我已经将在此项目中我想传达的理念一点点落实，并被参与者体验到，这是整个工作的重要基础。我觉得这时已经无所谓主角与配角，所有的工作都是一种传递，而缺少或者忽视任何一部分都会让整个工作打一些折扣。所以在这个过程中，我不在乎我只是个组织者还是主持人，我选择那时可以让我做得最舒服与轻松的工作，并为自己做出的成绩而自豪。

分享出这样一段经历，似乎有些离题，但我想说的是所谓的主角，不是别人说了算的，是自己说了算，那时才是真正的主角。这个说了算，不是因权力而来，而是因自己的兴趣而来，如果是前者，常常还是做了社会评价的牵线木偶，依然不是主角。

但很不幸，我们常常将自己是配角还是主角的决定权交给别人，是啊,难道不是领导说了算吗？难道工作这么难找的时候还能挑三拣四吗？难道不要在生存的屋檐下低头吗？……我们将决定权交出去的理由有很多很多，我想这就是为什么做主角会显得如此不易和珍贵，为什么很多人在谈起生涯发展时，都说谈兴趣是奢侈。其实，当我们在说起当配角的无奈和对当主角的向往时，我们都忘了，这本身就意味着每个人都是向往着美好发展和生活的。只是有时我们搞颠倒了，我们用幸福去换了我们以为的幸福，却变得更加不幸，而且还感觉到自己没有能力掌控自己的发展和生活，我们彻底地忘了，这个主动权是我们自己交出去的。

做自己的主角，很重要的是了解自己想要什么，这样你所做的所有事情就开始有了中心，哪怕你并不能在理想的平台上发展自己——其实也少有人对自己的工作百分百满意——但至少可以知道自己在目前的工作中要发展和培养什么资源和能力。比如文中的凯文，之所以一直逃不掉当店小二的命，很重要的原因之一就是没弄清楚自己要什么。光想着当主角肯定不够，还要考虑做的这些事情和自己的关系是什么，除了求生存的，哪些是发展自己兴趣，甚至是实现人生意义的。其实后面的清楚了，就自然成了主角。

在生涯发展中，环境因素的影响非常重要，所以在考虑到自己兴趣的同时，也要充分了解环境，才能让自己的这个主角做得更容易，这点前面故事中的晏铃做得就非常好，每一步发展都能通盘考虑、切中要害，甚至做到未雨绸缪。在晏铃后面的发展中，可以再多考虑所做事情和自己的关系；相反凯文就显得有些盲目，所以在好不容易可以逃离“虎口”时，又进入了另一个类似的困境，所以对凯文而言，当务之急是整理自己、了解环境，然后看看自己在目前状况下可以做哪些对自己有益的事情。

我在敲下这些字的时候，知道做自己说了算的主角并非易事，在那个过程中要经历多少挣扎、犹豫、恐惧和担心，需要多少勇气，才可能让自己迈出一步。尤其是每个人的环境、际遇不同，所面对的挑战、所要走的道路艰辛更会相异，所以当你真的觉得目前在生涯发展中谈兴趣是奢侈、谈生存远比谈人生意义要来得现实，或者你根本还无从去了解自己是谁，那么就让自己慢慢来，可以先问问什么阻碍了你，那些阻碍是真的吗？或许你可以把这些想法像种子一样埋在心中，等有一天土壤丰厚、环境允许时，再让它们发芽、生长。

（全球职业规划师　杨开）

不是所有的努力都有结果

故事一 | 学榜样不是印假钞

乔易瞪着考核表上的那个刺眼的“C”，怒了。

根据考核，乔易这大半年的奋斗轨迹呈“V”字状，不过，两个制高点没一个能强过C。如果按照字母歌的惯性，从“V”到“W”几成定局，目前那个颤颤巍巍的基点D一定会卷土重来。

乔易瞄了眼始作俑者，恨恨地磨了磨后槽牙：小妮子，懂不懂什么叫事不过三啊？

马莉是乔易的上级，是位从平民阶层上位的新贵，季度考核制度是她的“第一把火”。初时，乔易不以为然，从没人这么折腾过，搞得跟外企似的，有劲吗？可是，当第一个季度的考核下来，乔易觉得特难堪，从小到大，他就不知道“倒数”俩字怎么写，如今，托马莉的福，还能亲身体验一把。

乔易看了看马莉树立的榜样，一个是她成天求着人家交任务的，一个是她的好姐妹，另一个是以公司为家的加班狂。这都不适合我，乔易想：首先，我没到艺高震主那个境界；其次，我不能为了五斗米就去讨好她；最后，我热爱公司但不能忘了家。

综上三条，乔易觉得，给C就C吧。

想是这么想，可那么多年争先保优的尖子生惯性还是有的，乔易迫使自己向那个跟领导没有“私交”的工作狂人看齐，不迟到，一定晚走，不请事假，周末加班，任务自觉往前赶，不管怎么说，混不上A就算混个B也算对得起自己了。

可是，在一个怀孕期间加班加到晕倒的领导眼里，乔易的这些变化实在太微不足道了，或者说，这本来就是份内之事，既不可圈也不可点，直接飘过，忽略不计。

第二次的考核，乔易是D。

这回，良民乔易爆了粗口：“让不让人干了？”士可杀不可辱，乔易揭竿而起杀气腾腾地去找马莉，谁说开不了口跟领导要求加薪？还是你没有据理力争的资本，头一遭，乔易觉得自己正气凛然，理直气壮，那架势都雄赳赳的。

马莉好整以暇地接待了乔易，以下是官方回复：

“最近这段时间大家都非常努力，也非常辛苦，为了系统上线，××（工作狂人）每周都自发来公司加班，从不叫累，也不求回报。考核评级，无论是A还是D，大家都是既有压力也有动力，下次的评级肯定还会有变化。”

乔易觉得胸口被人狠踢了一脚，当初的那股豪气就像被拔了气门芯，跑得一点不剩。马莉的话什么意思？翻译得直白一些，就是说乔易锱铢必较，觉悟不高，你不托底谁托底？当然了，如果你能变压力为动力，也是可以进步的。

接下来怎么办呢？乔易苦恼了一阵，思索良久，他决定听马莉的豁出去一回，不就是加班吗？谁不会呀，我还不信了，我就混不进B了？

这三个月，乔易过得那叫一个天昏地暗，生物钟彻底混乱，每天上午睡眼惺忪哈欠连天，晚饭过后神志清醒劲头十足，下班时间基本以工作狂人为参照物，他不动我不动，他出门我再动，一丝不苟地做好断后工作。

咬牙挺过了这一季，总算挨到了考核的日子，没想到又是一个C。

这回，乔易自己就先把火灭了。虽说屡战屡败，但乔易明白，再找马莉，蠢不可及。在这位上司印象里，加班加点的典型早已固化，好比一提人民币大家马上意识到钱一样，工作狂是所有人眼中兢兢业业的表率，乔易的循例而行，不过是在印假钞，形似而神不在，永远扶不了正。

乔易觉得，在马莉手里，要想不在地平线上混，一定得另寻出路。

故事二丨非主流也能后来居上

段松捧着咖啡，眯着眼睛，看着朦胧水汽里的芸芸众生，突然就觉得自己像个哲人，超脱的哲人。

让段松有这番顿悟的，是拎着保温瓶的小张。他一定又是给“单间”的那位主任送水。众目睽睽之下，这么“狗腿”的事做得这么坦然，又是一枚人才！

说“又”，是想说明小张是师承他人，绝非首创。不过，同样的事，小张的前辈做起来要隐晦很多，一般是在办公室人迹罕至之时接两瓶水，一瓶自己的，一瓶领导的，拿瓶送瓶都会不经意间露出只是顺便并不麻烦的意思，自然得一点不让领导尴尬。

不久，这位前辈被火速上调了。

打水打到被提拔，是办公室的一段趣闻，大家八卦闲聊非议嫉妒，但是没人赤裸裸地仿效，直到小张再振旗鼓。

看着小张每日里小蜜蜂似的跟着主任跑前跑后，段松觉得累，不过，小张似乎甘之如饴。

比如，主任周末出差，小张会挤地铁到单位，开车送主任至机场，再把车停到单位，坐地铁回家。第二天，他会跟共用午餐的同事们抱怨，主任不找司机给我打电话，大周末的这通折腾！接着，大家还会知道主任看不上配的公车，常用公车的人是小张；这个月的油钱，是小张给主任报的…… 话里话外透着跟主任的亲近，俨然就是领导面前的红人。

段松看不惯这些虚头八脑意味深长的“瞎话”。他一点都不看好小张，让一个理工科出身的人相信一个部门接连出现两个“同质典型”是件非常困难的事，更何况，前面那位行事低调处事周全，远非小张能比肩。

办公室本是个以处理人际关系为长的小圈子，这与段松以前所在的业务部门完全是两种风格。他不擅周旋，不喜应酬，不愿逢迎，对他而言，这次调动不过是从修道院搬进了和尚庙，到哪里都是修行，自然也就脱不了寡清的味道。

小张曾经说段松有点知识分子的假清高，内敛有余外向不足，智商尚可情商偏低，比较“各色”。

可是，就是这点“各色”让段松后来居上，华丽丽上位了。

段松在单位的内部刊物上发表了一篇文章，内容大致是论述业务知识与办公室工作的有机结合，其间旁征博引有理有据地展望了本单位将来的发展方向。这番展望深得老总之心，不但亲自接见开怀畅谈，还特意过问主任段松现居何职。

紧接着，主任拍着段松的肩膀当众表达了惜才爱才之心："年轻人，不浮不躁，这股子钻研劲儿更是难能可贵，将来一定大有可为啊！"此后，"段松"这俩字成了主任的口头禅，每逢开会，或勉励或训诫，都会对实习生们说："你们要向段松学习，转正靠的是实力，要舍得下功夫……"

段松今时不同往日，从坐冷板凳的替补到低调实力派，形象转换之快、来势之凶，让所有人猝不及防，尤其是在实习生即将转正的节骨眼上，老总的垂询、主任的力捧，都足以给大家留下广阔的臆想空间。

面对半路杀出的程咬金，小张万分苦恼，从稳操胜券到贴身肉搏，他心里越来越没把握。

（倪岚）

专家点评

争相努力源于外在标准
塑造自己寻找成就来源

如果问你："成功靠谁"，你会给出什么答案？

这个世界上，似乎真的只有"自己靠得住"。难怪CBD白领工作成功语录就是：工作、努力工作、更努力地工作。只是努力或者更努力地工作都不是一个绝对标准，永远都会被人比下去。这样下去，就成了水涨船高永无止境的"价格战"——看谁的努力廉价。就像乔易那样，努力在加码，但在"怀孕期间加班加到晕倒"的裁判眼里，这一切都那么地做作。

在此就需要停下来问问自己，努力和更努力地工作到底是为什么了。有些人期望的是持续的领导认可，有些人期望的是持续的成就体验，有些人则期望获得丰富的生活体验……不一而足。只是人们生活在社会的酱缸里，久而久之就被染上一样的颜色，以为自己也期望得到与别人一样的东西。

就像做投行的一个家伙落难到一个孤岛，得到一个美女搭救。美女很好地招待了他，之后点上烛光脉脉含情地问他："还有什么需要，无论你提什么要求我都可以满足你。"结果这个家伙回答说："难道我现在就可以 check（查看）我的 E-mail？"乔易以为自己可以努力学习自己裁判的样子，成为大家共性标准里的楷模。但最后可以看到，追随裁判的样子，并不是乔易喜欢的样子，否则他不会做得那么需要毅力。

在健身领域里有一句名言：凡是靠毅力取得的健身成果，往往经不住诱惑而不能持久。而真正的成功者，都是做着自己喜欢的事情，自然得到令人羡慕的结果。就像许多诺贝尔奖得主，从来没有把"得诺贝尔奖"作为自己的工作与人生目标。想想，如果以此为目标，也许还得不了诺贝尔奖，甚至可能出现一些学术腐败。就像马莉那样，把加班当成一种成就状态，把工作当成一种娱乐与动力来源时，她就可以达成自己眼里的成功状态。但这并不是人人可效仿的，因为每个人都有自己的成就来源与强化领域。

生涯发展的最高境界是：做自己感兴趣的事情，别人付钱。其实，职场发展最重要的是不要把自己的追求迷失在人群中。这个在生涯发展体系里被称为“追求常模化”，即按照外在的标准与要求来塑造自己，把自己切割得像个别人。这样的人，最终会失去自我，并进而失去别人对你的认可。

中国人经历的传统理念是“取长补短”，期望自己能够在各方面都有所展示。但这种行为最终可能使你落入地狱——因为这个世界上比你厉害的人太多了。因此，科学的发展思维应该是“扬长避短”，把自己的优势，尤其是那种自己喜欢而且有能力的优势最大地发挥出来。所谓“三百六十行，行行出状元”，本质就是把自己的事情做到别人无法达到的地步。这曾经是日本管理的思维精髓。斯德哥尔摩大学心理学教授艾里克森的研究表明，在任何一个领域内，持续进步十年就可以成为该领域的世界知名专家。十年啊，想想看，如果做的不是自己喜欢的事情，绝对无法有这种毅力。

段松很清楚自己擅长的领域在哪里，因此他很好地发扬了自己的长处。最后的成功似乎来得很突然，其实从生涯发展的角度来看，在没有被领导赏识之前，他也做着自己喜欢的事情，这也是一种成功，而且这样的成功才更加平衡、和谐、持续。

从个人成长的角度拓展一下，也可以看到，一个人如果真的以为成功要全靠自己的努力，只要努力就可以成功，那就大错特错了。想想看，如果真的全靠自己，你都来不到人世间。

著名经济学家约翰·凯恩斯有言：“长期来看，我们都要死的。”为此，我们需要在短暂的一生里，去做一些令自己更快乐的事情。短短人生时间匆匆，但时间是单向的，任何一段时间里只可以做三件事：存储、消费、浪费。只有知道自己真的喜欢什么、期望人生成为什么，这样才能知道“存储”的内涵是什么。

《功夫熊猫》里的龟仙人有云：从来没有意外。做自己感兴趣的事情，持续地做，每天有进步地做，终会有人给钱。

（全球职业规划师　谢伟）

从垫底到领跑有多远

故事一 | 不愧对任何一个岗位

夏焱当年是以“求职失败者”的身份惜别上海的。从到上海读大学的第一天起，他就被父母寄予厚望，千叮咛万嘱咐：好好学习，将来努力留在大上海工作，当个高薪白领，这才是有志男儿有盼头的生活。夏焱选读的专业也是大热门的计算机专业，他所做的一切都在为脱离小城市，投身大都会做着准备。

夏焱没想到，毕业后的求职会那么艰难。因为热门，几年里，是个学校都开设计算机专业。招聘会上，抱着计算机专业简历的毕业生多如牛毛，而夏焱的软肋又那么明显——二流学校的专科生，投简历的时候气势明显比别人弱一截。碰上势利眼的招聘人员，瞄一眼夏焱的学校名，笑笑：“把材料放下吧。”有的公司甚至连投简历的机会都不给，明示或暗示：“哦，我们一般只招J大F大的。”

到做决定的最后阶段，夏焱手上可选择的机会并不多：上海几家小电脑公司的程序员，月薪 2500 元左右；老家阀门厂的程序员，月薪也是 2000 元多一点。

宿舍好友劝夏焱留在上海：“大城市机会多，慢慢找慢慢跳呗，过几年或许能混个月薪五六千的。你回二线城市，那什么阀门厂，工人啊，能有啥盼头？”

夏焱盘算半天，却最终选择了去老家的阀门厂实习。他心里有本账，大上海，居不易，就凭那点月薪，最初三五年不“啃老”是不可能的，而差不多的月薪，在生活成本较低的老家，每个月还能攒下个三五百呢。夏焱家里经济不宽裕，他不想再给父母增加负担，毕业了，那第一步就先自食其力吧。

临别前，同学们拍着夏焱的肩膀安慰，也好，小城市生活安逸。夏焱听得出安慰背后的怜悯：小城市的工厂小员工，两三千元月薪，解决温饱过个小日子，人生也就那样了吧。

夏焱认为其实人生并非也就那样了。但到底会怎样，他并不清楚，只是觉得首要之事是，把到手的第一份工作踏踏实实做好。

阀门厂的工作难度不高，帮带师傅也很热心，夏焱跟着师傅忙里忙外地跑了几个月，很快就上手了。过了一年师傅去深圳谋职，手上的摊子都交到夏焱手上。年轻人勤快好学，夏焱在工作中发现问题、解决问题、积累经验，很快挑起了阀门厂电脑系统管理的重任。

过了第三年，夏焱开始感觉有些不满足了。工作上一切按部就班，能学的东西都学得差不多了，而且工厂效益一般，薪酬稍涨但幅度有限。

这时一个机会让他动心了，一家新开的四星级饭店在招聘 IT 部门员工。厂里领导挽留他，宁当鸡头不当凤尾，你在这里好歹是个小头目，到那边就是个普通维修工，不值得。但夏焱看中了这家连锁酒店的品牌，觉得在大集团里能学到东西，职业发展前景也比较广阔。

因为有阀门厂的工作经历，也积累了些许管理经验，夏焱顺利进入酒店 IT 部，并成功地将薪酬提到 4000 元。

坦白说，酒店 IT 部门的工作确实就像维修工，哪里出问题就去哪里“救火”，夏焱却如鱼得水。因为工作虽然琐碎繁杂，但酒店智能系统涉及方方面面：通讯、管理、闭路电视、监控、门禁等。对业内新人夏焱来说，每一项工作都是汲取新知识的机会。

加班加点学习新技术，跟在主管和同事后面“不耻下问”，夏焱记得在进酒店的最初一两年，好像回到了大学阶段，整天铆足了劲儿学习，来得比别人都早，走得比谁都晚。但也正因为如此，专科生学历的夏焱最终在较短的时间里赶超同部门的名牌大学生，成为技术最优的那一个。

酒店开张第五年，夏焱已当上了 IT 部门主管，各项工作都走上正轨，薪酬亦比最初翻了一番。夏焱的出色引起了酒店高层的注意。没多久，集团总部向他伸出了橄榄枝，这次的职位是集团华东区系统经理，工作地点——上海。

重新杀回上海的夏焱是让同窗旧友们艳羡的，谁都想不到二线城市的工厂小工人竟会有咸鱼翻身的那天。大家拍着他的肩膀，夸他混得好。

“其实每一个岗位，哪怕是最基层的位置，都有可以学习的地方。机会无处不在，只要你认真对待每一项工作，主动学习，主动提升自己。”夏焱并不觉得自己“混”得有多成功，他知道自己是脚踏实地一步一步走过来的，没有愧对过任何一个岗位。

故事二丨所有努力都不会白费

曹蕊在临近大学毕业时，突然做出了一个人生重大决定：离开一直生活了二十多年的小城，去上海找工作。父母听闻大惊失色，闯职场？不需要！一直在父母身边生活的小姑娘家，毕了业找份安稳工作，好好嫁人生子才是正道。老师、同学也觉得曹蕊心气儿太高，帮她分析利弊：本地普通大学本科毕业，读的是对外贸易这种“万金油”专业，手上不过一张英语六级证书，二外摸了点日语皮毛。你呀，在本地找个好工作尚且不易，还去上海那地方？

但曹蕊铁了心要走，在小城生活那么多年，每个角落都熟悉透了，也够了。若在这里就业，她几乎能看到二三十年后的日子，一成不变，一如现在般安逸平淡吧。而三小时车程外的那个大都市，每天都上演着各种传奇故事，勾起小女生的无限憧憬。趁年轻，闯一闯，将来也不后悔。曹蕊背上厚厚一大摞简历，毅然坐上了火车。

尽管做好了心理准备，但求职之难还是出乎曹蕊意料。都说大都市机会多，但每年乌泱乌泱从全国各地甚至世界各地奔赴上海的求职者更是多如过江之鲫。海外顶尖大学、国内名门高校等第一阶梯的毕业生扫走五百强、国内名企等热门职位后，第二阶梯队伍的国内重点大学毕业生立马扑上。层层扫荡之后，剩给第四、第五阶梯行列的曹蕊们的，大多是很多人瞧不上的鸡肋了。

曹蕊最终拿到一家小贸易公司的offer，实习期三个月，工资1600元，转正后月薪2500元。这样的待遇，别说在上海，就是在曹蕊老家都算低了，她那些去了银行、学校的同学，哪个不比她工资高福利好。

但曹蕊想，既然都来了就不能这么轻易放弃，万事开头难，先找个工作安定下来，以后再慢慢找机会。

最初的生活确实艰苦。曹蕊和两个女生在公司附近合租了一套老公寓，一人一个七八平方米的小房间，人均月租 450 元。剩下那点工资，刨去伙食费、通讯费等也就所剩无几了。“就是一个标准的‘蚁族’。”曹蕊自嘲。

生活不易，心理压力也大。在 QQ 群上遇到老同学，曹蕊打肿脸充胖子，说自己在徐家汇外贸公司上班，月薪 3000 元。“那也不算高啊，尤其在上海。”群里有人说。“哎，刚起步嘛，慢慢来，不急。”曹蕊刚打完这句话，眼泪就刷刷地落下来了。

但她也会反复对自己说，你一个外地普通本科生，半点经验没有的，人家凭什么给你高工资啊。所以业余时间，曹蕊坚持去一家日语培训班进修日语。她见识过求职市场竞争的激烈，想获得高一级的机会，就必须先夯实自己的基础。

曹蕊所在的贸易公司规模很小，工作也相对简单，无非联络几个固定客户、收发邮件传真等。曹蕊认真心细，很快便得心应手了。就这样边工作边进修地忙了一年多后，她拿到了日语一级证书，简历上多了一行“×× 贸易公司总经理助理”头衔，继而跳槽去了一家规模稍大的外贸公司。

其实薪酬并没有大幅涨高，即便勉为其难地挤入“白领”行列，在生活高成本的上海，曹蕊也属于“工资白领”的最底层那列。吸引她的，是这家外贸公司更正规，有实打实的对外贸易业务，这样她所学到的知识也可以派上用场。当然，这样的工作环境对曹蕊的外贸知识、语言能力也提出了更高的要求，边工作边进修的生活仍在继续。曹蕊的学习积极性甚至比以前更高，她知道越是基础扎实，将来才可能跳得越高。

机会有时候来得毫无征兆，悄无声息。

曹蕊刚进公司不久，一位前辈就迫不及待地塞了个客户给她。“日本小老头，一口浓重的日本东北口音，要求多，特抠门儿，你是新人，就陪着他先磨炼磨炼吧，对付得了他了你就出师了。”前辈带着笑说。曹蕊毫不犹豫地答应了，她正犯愁手上没客户呢，有现成送上门的，再难对付也要。

小老头果然难缠，今天一个主意明天一个要求，还喜欢压价。好在曹蕊细心加耐心，又有职场新人的谦逊有礼，几番回合下来双方也算相互磨合到位了。时间长了，曹蕊练出了一口东北口音日语，客户更觉得她勤奋好学，反应机敏，每次来中国都指名要她做“御用翻译”。

客户从事饰品行业，最近考察的都是水晶加工厂，感慨说生意难做，传统饰品市场萎缩，倒是面向年轻女性的时尚饰品市场蓬勃发展，可惜他身处日本东北小城，客户少，消费能力亦有限。

曹蕊在成堆的水晶玉石里转得眼花缭乱，瞥见客户手上的样品本又觉得美极了，突然心生一念：以国产水晶的成本和品质，配合日本的设计水准，何不在消费力旺盛的上海开一家水晶首饰 DIY 工作室？把这个想法一说，客户也叫好，大赞曹蕊触感敏锐。

客户回日本后寄来大量首饰 DIY 资料，曹蕊开始废寝忘食地学习。这一年里，她的时间几乎都用来陪客户在各个加工厂转悠，对水晶市场摸得颇透。凭着年轻女性对时尚的独特敏感，曹蕊相信以高水准设计打开水晶首饰新市场的计划是完全可行的。

一个灵光一现的想法，促成了一场创业。一年后，由日本客户投资的水晶首饰 DIY 工作室在上海浦东的一座商务楼里开张，曹蕊的身份变成“工作室总经理”。

工作室的业务进展颇为顺利，市场反响接近预期。QQ 群里有老同学羡慕地说：曹蕊，你运气真好啊。

曹蕊笑笑，没有回复。她想起那些下了班揣个面包赶往培训班的日子，想起缩在月租 450 元的蜗居里吃泡面查资料的“蚁族生活”。曹蕊觉得最庆幸的是，那些艰苦她都坚守下来了。

天道酬勤，所有的努力都没有白费。

（林蔚）

专家点评

把握当下寻找潜在机遇
理清目标做好个人规划

在评价一个家庭时，我们常说：“幸福的家庭都是相似的，不幸的家庭却各有各的不幸。”职场也是如此，“成功的人都是相似的，不成功的人各有各的原因”。

职场成功属于那些能够主动把握机会、脚踏实地、勇于奋斗的人，他们通常也是为职场机遇所青睐的人。对于那些职场资源相对匮乏的所谓“低起点”者来讲，其成功更是如此，文中夏焱步步为营式的晋升道路和曹蕊从就业到创业的成功转型，就是非常值得借鉴的例子。

大学毕业之初，他们能够从自身的实际情况出发，明确未来的职业方向。在面对“留上海”和“回老家”这个问题上，夏焱考虑得非常全面。他敢于面对同学的“怜悯”，选择到二线城市的老家就业。曹蕊呢，尽管家人反对，却为了理想只身闯上海，其自信心更是可想而知。

当然，每一个选择都会面临风险，他们两个人也是如此。夏焱可能永远留在老家，曹蕊也有可能成为一名“海漂”，但是由于目标是自己选的，更能够激发奋斗的动力，从而避免了风险的产生。

在面对自己的工作时，他们也表现出很强的敬业精神和学习热情。夏焱和曹蕊所经历的岗位，虽然都不是最理想的，但是他们能够从内心接受，并尽心尽力履行岗位职责。夏焱是在本职岗位上提升自己的能力，这也是他后来能够成功跳槽的主要原因。曹蕊的第一份工作虽然没学到什么技能，但是她利用业余时间学习日语，为后续职业的发展奠定了基础。

他们还具有敏锐的洞察力，能够抓住属于自己的机会。夏焱面对领导善意的挽留，能够放弃做“鸡头”甘心当“凤尾”，这说明他清楚地知道连锁性企业能够为自己提供舞台，这也是他能够快速“杀回”上海，让往日“怜悯”自己的同学转而羡慕的关键。曹蕊能够成功创业，其核心因素在于她对市场的敏感度，果断进行决策。

从两人的成功经验可以看出，作为一名大学毕业生，要转变“不能输在起跑线上”的求职观念，将职业发展视为人生的马拉松，起跑线虽然重要，但更重要的是方向、策略和耐力。为此，个人的职业生涯规划至关重要。

首先，要分析个人优势，接纳自身不足。可以结合自己的学习实践经验，也可以利用专业化的职业素质测评工具，分析个人的职业兴趣、职业能力、人格特征、就业资源等方面的情况，通过与他人的比较，了解自身优势，看到发展潜力，建立面对职场竞争的信心和勇气。同时，在与他人的比较中，也会让我们更容易看到自身的不足，全面地分析自己。

其次，分析职场环境，发掘个人机会。职场环境包括社会宏观经济形势，地区性就业政策，不同行业、职业、专业的就业情况，不同职业的薪资水平等信息。

通过分析，一方面了解宏观就业形势，另一方面把握与个人密切相关的就业信息，比如薪酬、发展机会、培训等。然后可以结合自身条件进行理智判断，确定适合个人发展的职业道路。

第三，确定职业方向，定位职场目标。方向和目标的制订要遵循量体裁衣的基本原则，根据自身特点设定具体目标，不要盲目从众。因为每个人的条件不一样，面对的发展机遇不一样，方向和目标当然也不能一样，一味追求热门、走大众路线，吃亏的往往是自己。

第四，制定发展策略，明确职业规划。策略与规划是个人实现目标的日程表和行动方案，能够理清自己实现目标的可能性。这需要划分详细的阶段性目标，确定各个阶段的职业发展重点，并为此制定详细具体的行动方案。

总而言之，一个人职业发展起点的高低与个人的“硬件”有关，而发展的速度与个人规划有关。一位职业咨询专家说过：只有看到未来的人才能把握现在，而只有把握住现在的人才能看到未来。所以，用未来激励自己，努力把握现在，才能更好地获取职业成功，实现人生价值。

（北京信息科技大学　廉串德）

马儿总有离开伯乐的一天

故事一 | 听坊间伯乐上“私教课”

那天在杂志社办公室，于欣听老大给一个实习生“上课”，其间不乏尖刻讽刺之辞，实习生在大家的笑声中频频点头：“有点儿悟了，有点儿悟了。”

于欣想，要是此刻被“上课”的人觉得被当众奚落很尴尬，夺路而逃了，那么，这个人很可能就失去了当千里马的机会。不错，老大绝对是个伯乐，而且不常出手。

数起来，从老大手里出来的实习生，早已一个个成了业界的腕儿。而老大还是老大，在自己的轨道上行走，偶有闲心，或遇到好的苗子，扶上一把，但绝对不过度扶植。要他手把手，是非常违反个人原则的事情。他总是点到为止，不过多解释，成不成，关键在一个字——悟。

于欣想起几年前，自己所经历的那些“若有所悟”。那时的她，也是实习生，不过是其他部门的。

一个偶然的机会，于欣一篇被放黄了的稿子辗转到了老大负责栏目的编辑手里，居然就发表了。这让于欣很意外，本来已经被枪毙的稿儿，她也没觉得有多好，怎么会起死回生？

更重要的是，发表之后，于欣作为“实习生”开始稿约不断。而对于从“冷板凳”到“热面孔”的跨越，于欣却一点儿也不知情。只隐约地觉得，分水岭就是那篇原本已经被丢进回收站，而后又被捞回的“废稿”。

“废稿”事件后，于欣也更多地有了给老大负责的栏目写稿的机会。从小稿到专题,从边角到卷首,这里逐渐成为她更有兴趣挥舞拳脚的平台。

很多人疑惑，你是那个栏目的实习生吧？

于欣否认的时候，心里有点小小的得意。

赞许很多，于欣最想听到的，还是老大的。因为，编辑曾提到，那篇稿儿是老大大笔一挥发表的：“这样的稿子不发，还发什么样的稿子？”

写了很多稿子的她，把这样“非发不可”的稿子又逐字研读了一遍，还是没能解开心中的谜团。终于有一天，编辑把她带到老大面前，是因为别的事情。

这是他们第一次照面儿，“高产”实习生于欣想听到哪怕是一句表扬，毕竟，短短两个月，她已经参与过数个专题的写作，文字也得到编辑的高度肯定。不想，她却碰了个大钉子：“你之后写的稿子很多，但没有一篇超过第一篇的。”这样的下马威，是她没经历过的。

本以为自己在节节攀升，渐入佳境，没想到，居然从未超越起步时——再也没有比这更让人挫败的事情了。虽然接下来开了几分钟的第一篇作品的研讨会，于欣还是极度郁闷。最后，老大以简短的语言结束了这次会面："下次把那篇稿子拿来，告诉你好在哪里。"

于欣没有把稿子拿来，她知道，那样无异于自取其辱。

之后很长一段时间，于欣没进过老大办公室的门。她憋着一股劲儿——第二次"上课"绝不能再听到一样的话。

她开始抛掉惯常的写作技巧，尝试各种写法。偶尔，看看老大现在的专栏、他推荐过的作家……

然后，寻找自己的定位。

等作品一篇篇堆积起来的时候，再去看第一篇时，她确实有点儿"悟"了。用老大的话说："一旦自己悟了，进步不是'突飞猛进'可以形容。没有悟的时候，告诉你再多也没有用。"

突飞猛进的于欣最终和老大做了同事，经常听老大的"课"，比听学校里教授的课都要认真。因为，教授的课有教案可查，而老大的话经常只说一遍，你没听懂，他自己已经忘了。

虽然不敢称自己是"千里马"，但于欣知道她跟从前不一样了，从前的她会写东西，现在的她会写不一样的东西。这种"不一样"，是老大传授给她的。

故事二丨你不能把职业理想拴在别人身上

自从知道顶头上司"可能"跳槽的消息，谢小雨就开始烦躁不安。

上司不仅是她的伯乐，更是她的职业榜样。毕业那年，谢小雨从众多应试者中脱颖而出，就是上司点名要的她。"这个女孩有灵性。"上司百般推荐。

有上司的指点和栽培，谢小雨的职业起步和上路速度都快得惊人。一步一步，每上一个台阶，都有上司的悉心指导。

从实习期开始共事的一年中，榜样身上的东西，她还没有吸收消化完毕，总觉得还有成长的机会，就没有给自己增加过多砝码，如今，船长将走，她这个船员显然还没有成长起来。恨不得一夜之间把自己打回去，照着“榜样要走”的时间表，把自己的职业前景仔细规划一下，也好有底气继续以后的工作。

一切都是只是如果。

榜样在新的入职邀请函到的那一天，毅然决然打了辞职报告。“可能”终于成为“现实”，谢小雨想随他跳槽的决心都有。随他走，至少还可以继续在他的带领下，一步步朝前走，目标明确，稳扎稳打。而留下来，伯乐走了，马儿都不知道方向在哪里，更别提怎么跑才是捷径了。

怎么办？没人能够告诉她。

静下心来，谢小雨开始认清现状：马儿是不是总有与伯乐分离的那一天？如果伯乐再跳呢，退休呢，出国呢？你不能把自己的职业理想拴在一个人身上。伯乐已经告诉你，你是一匹好马，那么怎么跑，就在你自己了。

送别宴上，谢小雨举杯：“我一定让自己成长得更好。”

可事情并不乐观。

她所在的是一家信托投资公司，负责信托产品的发行。之前，总是上司告诉她执行一些具体的事务，如何跟客户打交道，路演时的注意事项。如今，没有任命新经理，副经理也是一任“执行官”，大家似乎都有点儿人浮于事。一项新的计划，总是迟迟没有进展，快到发布的时候了，开始乱成一锅粥，手忙脚乱地上了阵，结果，事后总结一下，全是疏漏。

不像上司在的时候，工作一项一项有序稳妥，大家各司其职，项目也进行得红红火火。那时的谢小雨，身居高效部门，连到食堂吃饭的时候，脸上都挂着“荣誉感”。

可是现在，上班时间干什么的都有，聊私人电话的，网上买东西的，溜出去会朋友的，经常一转眼，前后左右座位上的人就没了踪影。

不行，得自救，不然马上就被淹没在碌碌无为中了。

谢小雨开始主动出击，协调各方面的关系，促使项目按照从前的进程有序进行。虽然作为小字辈，刚开始有人说闲话，甚至给她白眼，后来看着她笑笑的样子，是真心为公司好，加上接下来的一个项目取得了巨大的成功，大家开始对这个小姑娘另眼相看。

部门似乎又恢复了上司在时的状态。虽然，顶头上司一直空着。

一天，大家嘻嘻哈哈从外面吃饭回来，楼下贴了一张任命通知，新上司任命下来了。让大家吃惊的是，部门增加了一个副经理，居然是谢小雨。

接着是人事处找她谈话：“你在职位空缺期间的表现大家都看到了。”

谢小雨疑惑：“可是，这么多前辈在我前头……”

“你已经做到了，你的作风很像 ×××。”

听到这个名字，谢小雨才发现上司对她职业状态的潜在影响。的确，上司不也从没有领导的架子，而是更注重协调关系，调动每个人的积极性吗？领导并不是“发号施令”的代名词，不是吗？

谢小雨发现，自己居然一直在按照榜样的模式投入工作。

事实证明，在上司这个船长突然离职后半年，谢小雨这个船员不仅成长得很好，而且成了“大副”。

（邵果）

专家点评

前辈提携只是成功外因
把握机会树立职业自信

对刚入行的职场新人来说，能碰到赏识自己的职场伯乐，当然是无比幸运的。伯乐的指点，能让新人感到自我价值得到了认可。并且，这种小小的成就感，能让他们快速进入工作角色，同时建立起强大的自信和工作动力。所以，于欣和谢小雨无疑是职场中的幸运儿。

在现代激烈竞争的职场中，对新员工而言，职场伯乐实质上是在工作中帮助和肯定你的人，他的主要作用在于让人才的价值得到认可和体现。

一般情况下，新员工初入职场时，往往感到胆怯、害羞、手足无措。这是因为，人刚到一个陌生的环境，对周围的人与事都无法预知，本能地会产生一些自我保护的反应。同时，工作需要熟练和经验，从来没工作过，怎么可能熟能生巧?

所以，无论是不自信，还是工作上的畏手畏脚，都是新员工初入职场时的普遍现象，也是正常现象。而在这个时候，如果出现一个像“老大”一样的伯乐，发出“这样的稿子不发，还发什么样的稿子”的感叹，无疑会给新员工添加一种工作的催化剂。

职场伯乐的肯定和赏识，给新员工树立了职业自信，也为他们适应职场环境、融入工作群体提供了一个契机，至少让他们觉得在这个环境中，有一个为自己说话的人，心理上不会觉得孤独。因此，得到职场伯乐的提拔，是新人努力工作的良好开始。

但是，我们也知道，并不是每个人都能得到伯乐的提携。能得到赏识的人，应该都是具备了一定能力，并能在一群人中脱颖而出的。文中的于欣，正是凭借着自己的文字，获得了老大的称赞；而谢小雨受到上司青睐，也是因为“这个女孩有灵性”。

其实在我们的周围，乐意帮助我们、提携我们的人有很多。只是，我们自己不拥有伯乐赏识的才能而已。

另外，光有业务能力，人际关系不好，伯乐也不会降临到你身边。理由很简单，谁也不愿意帮助一个自己不喜欢的人。

综合来看，业务能力、处理人际关系的能力，都是成为“千里马”的必要条件。从故事中，我们看到，于欣欣然接受了老大所谓的“悟”，在遭到老大奚落时也没有生气等等，正是这些看似无关紧要的小细节，为她的成功打下了基础。

职场伯乐对新人们来说，可谓有知遇之恩，无论什么时候都应该以感激的心态对待。只有秉持谦虚、感激之心，才能发现别人更多的优点，让工作环境处于良性循环的状态。

当然，有时候，我们还会碰上这样的尴尬——上司不仅不是你的伯乐，甚至是对头——给你批评、挑衅甚至穿“小鞋”、下“绊儿”。

其实，这些都是人生的历练。这种历练，虽然没有伯乐提携那么愉快，但可能比直接的帮助更能加速我们的成长。

所以，要成为一匹千里马，就应该有能力面对各种复杂的环境。当你连对头都可以坦然面对时，我想会有更多的人向你伸出援助之手。因为，你已经拥有了人格上的魅力。

需要提醒的是，对于伯乐，我们在心存感激的同时，也不能盲从，甚至形成依赖的心态。

依赖的心理基础，是缺乏自信。作为新人，有伯乐帮助是好事，但离开伯乐自己依然能够独当一面，才能称得上是真正的千里马。如果把伯乐当作救命稻草，任何时候都希望帮自己一把，那就会使自我能力的发挥受到限制，失去工作中的很多机会，阻碍自己的成功。

依赖伯乐，还会对伯乐产生一定的期望值。如果伯乐这次没有提携，或者伯乐消失了，自己就悲观失望、不知所措，甚至严重打击自信。

还有一种依赖的形式，那就是把伯乐当作一个标杆，盲目崇拜，畏手畏脚，唯伯乐“马首是瞻”。这样不仅束缚了自己的手脚，也辜负了伯乐的期望。只有做好自己，才不会让提携你的伯乐失望，才能真正获得周围人的肯定。伯乐的帮助只是个人成功的一个外因，最后的成就，还是靠自我的不断学习与成长。

职场成长有很多重要的因素，但最核心的就是你自己。

首先要相信自己的能力，并能够不断扩展自己的能力，不要模仿任何人。只有拥有别人没有的能力与技术，才可能成为一匹千里马。

另外，要有甘当小学生的心态，“谦虚谨慎”“尽职尽责”是打动伯乐的法宝。

只有让大家接受你、喜欢你，才会有更多的人愿意帮你，才能让身边的每个人都变成你人生中的伯乐。

（北京信息科技大学　廉串德）

要么“抢风头”，要么受冷落

故事一丨一开始，我没有认为这会是一场较量

“又没我的份儿”，我无比懊恼地目送A走进主任办公室。

我不动声色地埋下头，翻着桌上的案卷，可一个字也看不进去，心里如翻江倒海，烦躁异常。“凭什么，凭什么好事总轮不上我？”已经记不清这是第几次了，虽然我每次都满怀期待，但找上门的业务，主任想到的只有A。

我所在的这个律师事务所，除了一正一副两个主任，专职律师只有四位，其中我和A都是实习中的新手。要知道，做律师的，最头疼案源。没案子，能生生困死你。尤其是我们新手，更依赖那些找上门的案件。

大多时候，律师都是喜欢单打独斗的，谁也不愿跟别人共分一杯羹，赢了官司关起门来自己数钱岂不更美？所以，带我们新人这样的活儿，只有主任躲不掉，谁让律所是他办的，培训工作自然不能推卸。

当主任觉得我们都可以独立办案时，案子便不再平均分配。而不幸

的是，我成了被冷落的那一个。

当初我来到这里当律师的时候，可是满怀美好憧憬的，现在看来，我太过理想，完全低估了起步阶段的艰辛。那个时候，A是我唯一的倾诉对象，父母那里只能报喜不能报忧，而A和我同病相怜，总也好过那些明明混得凄惨却还等着看我笑话的同学。每当其他律师出门办案，我们俩就会见缝插针地谴责一下资本家，说说主任的坏话，或者抱怨法学专业设置泛滥，僧多粥少呀。

没有案源就得仰人鼻息，生活的艰难初见端倪。虽然在这个悠闲的城市，吃碗面只要不过三元钱，有肉的炒菜也就十元一盘，但每个月600元的底薪却逼着我下班后直奔菜市场。精打细算不是我的强项，我常常觉得疲惫，如同深陷泥淖，喘不上气来。

A开始的时候，和我一样悲惨。谁也没想到，一个集体诉讼案把她救出了苦海，同时也终结了我和她的友谊。

当时，这个案子的十几个原告蜂拥而至，想搞清楚谁是谁都难。前期准备工作烦琐，诸如签合同、整理证据之类的，主任无暇顾及，便让我和A来做。

我们俩各自负责一半数量的原告。在A分到的那一半里，有一个王老太老是糊里糊涂的，前期工作耗时耗力。相比之下，我完成得更快些。出乎意料的是，当我们把整理好的东西交给主任时，A表现出了高我一筹的地方。

“主任，这个人的情况有些特殊。”A熟练地抽出了王老太的材料，有条不紊地开始汇报。我对A的表现很惊讶。

她还对主任说：“您放心，我都去她那儿核实过了，应该没问题。”

当时主任点头点得意味深长，不无赞许地说：“工作就得细细干，不能大意打无准备之仗。”

从那以后，主任对A的印象越来越深。

现在想来，我输得冤枉。一开始，我就不认为这会是一场较量，而落败的后果同样让我始料不及。这种不明不白的输，让我备感委屈。我从不认为我比A差，无论是比学校还是比个人实力，我都能从A那里获得“比对”的优越感。但是，残酷的现实总能让人低头。

一样的繁复琐事，一旦没人陪你一起做，就会更觉得苦不堪言。在律所，A越来越忙碌，不只是给主任整理证据目录，还会自己操刀一些小案子，甚至直接代替主任去开庭。而我，却还在原地踏步，接待当事人、复印材料、填写委托合同。我不得不痛苦地接受了这个事实，那就是，A已经超过我许多了，甚至抢了我的饭碗。

所里有限的案源尽归A独享，我呢，为了每个月拿到大于600元的月薪，不得不四处发动关系找线索找案源，甚至卑鄙地鼓动人家打官司，“告他，没别的办法。放心，我帮你打。”尽管这样的做法自己都很不齿，可一想起A，瞬间的反省就被愤懑取代了，“我这也是被逼出来的！”

记得在学校的时候，提到离婚这样鸡毛蒜皮的小案子，大家都非常不屑，“杀鸡焉用牛刀？”可如今，我就像个三流律师，每天都挣扎在琐碎繁杂当中。A如今已经开始做非诉业务了，都是涉及公司什么的规章啊、合同啊，既成系统又能赚钱。

我们的差距越拉越大。她早已不是那个可以和我互诉衷肠的患难之交了。

我真希望A永远别来所里，这样我就可以暂时忘掉自己悲惨的处境，按部就班地干干琐事，盘算着手头的小案子，累加起它们的代理费，有时竟还能心满意足地窃喜一番。

然而，A 的高跟鞋总会像梦魇一般结束我的好心情。我对她高跟鞋的熟悉程度远胜于她本人，甚至当好几个人一起走近时，我可以像某种听觉灵敏的动物一样，听出她是第几个进门的。

比起菜价的涨跌，关注 A 的生活让我觉得愈加疲惫。A 在律所的日子，我的注意力常常不能集中。她在给谁打电话，当事人还是法官？她去主任办公室干什么，商量案情还是又有新任务？她跟财务嘀嘀咕咕，难道又报销什么账目？

就像现在这样，听到主任招呼 A，我下意识地微微侧了侧身，焦虑、忐忑，难以平静，写满字的案卷瞬间变成了一片空白。

突然间，我觉得简直太痛苦了，“在这里，在有 A 的地方，我能企盼什么？”

故事二丨我们俩从始至终就是竞争关系

伸个懒腰，脑袋顺势砸在椅背上，“终于弄完了”，我使劲眨了几下眼睛，长出了一口气。

瞄了一眼电脑屏幕下方的时间，我居然已经坐了三个小时。看看窗外，天已经泛黑，马路上车水马龙。我暗自庆幸，今天结束挺早，还有大半个晚上能自由支配。

“坏了！”我赶紧站起来，手忙脚乱地收拾桌上横七竖八的材料。

今天晚上，主任约了一位法官吃饭，我得作陪，差点儿忘了。

虽说不是为了办案，但平时的感情联络很重要，何况，我以后干这行也少不了跟法官们打交道。做了一年半的准律师，我明白进这一行不容易，进去了做大做好更难。象牙塔里学到的只是皮毛，做律师还得靠人脉靠案源，这才是生存之本。

很多准律师都明白这一点，并已经做好了吃几年苦的准备，B和我就是抱着这样的决心选择进律所的。我们一起跟着主任实习，一起算计少得可怜的薪水，一起忍受生活的艰辛，那可真是一段难熬的日子。

这样的日子过了半年，我突然觉得一点儿意思都没有，每天都是复印材料填合同，难道这样就能熬出头吗？我想起了远在上海的师兄，工作两年，他已经干得风生水起。

“你现在的积累还不够，可以考虑用用所里的资源啊。现在你们主任带着你做，这应该不难吧？”师兄的语速比以往快了不少，好像是在赶时间，“好律师可不是熬出来的，得往前拼啊，师妹。”

没错，苦是要受的，但不能糊里糊涂地逆来顺受。如果再这样下去，苦一点儿没少吃，惰性还会越来越大，我会逐渐习惯每月600元的生活，永远对垂涎欲滴的品牌望而兴叹，一辈子在算计块儿八毛中过活。

经验丰富的律师才不会手把手地教新手，都知道“教会徒弟饿死师傅”的道理，万事都得靠自己。找上门的案子，主任做大的，我就不能办小的吗？次数多了，时间长了，我也会有自己的客户群关系网，大家不都是这么干起来的吗？

我不再像以前那样程序化地整理材料，机械地进行证据分类。主任每交给我一个案子，我都会像自己独立办案一般对待，哪怕只是芝麻绿豆似的家长里短，我也会主动积极地寻根索脉，一扫往日应付差事的懒散作风。

机会总是留给有准备的人，一个集体诉讼案适时地出现了。

十几个原告，我和 B 一人负责一半。我这边有个 70 多岁的老太太，耳背，冲着电话喊半天都是对牛弹琴。为了速战速决，我决定登门拜访。

这位老太太的老伴病故，儿女都在外地，打官司的事情无人代劳。我突然意识到这里面还有一个继承问题，应该首先判断老太太的原告资格。这个发现让我有些许的兴奋，为了搞清楚继承关系的来龙去脉，我在老太太家一直待到晚上九点。出来的时候，胡同里漆黑一片，安静得让人害怕。我骑着自行车一路狂奔，差点就撞上停在路边的三轮车。到了路灯明亮的大街上，我才发现自己满头是汗，肚子咕噜咕噜叫得正欢。

跟主任汇报的时候，我把老太太的情况重点解释了一遍。看得出来，主任很满意，当着 B 的面，含蓄地肯定了我的工作能力。

天道酬勤，一点儿没错，我终于不再像个勤杂工了。自此之后，主任的很多案子都直接招呼我，从小的到大的，从简单的到复杂的，学到的东西越来越多，钱包也越来越鼓。门儿找着了，步入正轨的感觉也有了，但让我始料未及的，我在所里的人缘指数正在下滑，B 就是那个清晰的转向指标。

B 跟我越来越疏远，见到我最多就俩字：“来了。”即使我一个下午都待在所里，她也不会像以前那样端着水杯小步跑过来，急切地告诉我哪儿打折，哪儿甩卖。淘宝贝曾经是我们共同的爱好，可如今，多长时间了，两个月还是三个月，B 都没有找过我。

B 的反常让我倍觉失落，一种被人抛弃的挫败感油然而生。我一遍遍地反省，但始终不知道哪里得罪过她，难道就是因为那个案子我抢了风头？

我不能直接质问B为什么对我这么冷淡，她一直不动声色，我却这么在意，有点儿像摇尾乞怜。或许，需要一个合适的机会。

上午开完庭，匆匆赶回律所，正赶上大家聚在会议室吃午饭。我刚要进去，就听财务大姐问B：“怎么最近不和A逛街了？”

“人家哪儿有空啊？又是法院又是公司，忙着挣钱呢。”B声音提高了八度，不屑地在众人面前嘲讽我，“我跟人家不一样，也没主任赏识，每一分钱都得自己辛辛苦苦挣。”

我蹑手蹑脚地退了回来，既委屈又冒火。难道在他们眼里，我就是这样的吗？

庭审回来的路上我肚子痛，骑着车摔倒在路边，谁能知道？打着伞，蹚着快没过膝盖的脏水去找证人，谁会下这功夫？深更半夜被堵在高速路上，冻得全身发僵，我又跟谁诉过苦？难道说，我的勤奋，我付出的努力，非要喊得满城皆知，才算“劳有所得”，才能不招人嫉恨吗？

没有谁真的关心这些，如果你一事无成，他们会嘲笑你的蠢笨；如果你成功了，他们会嫉恨你的幸运。曾经，我还为主任不再一视同仁地对待B而心存愧疚。现在看来，完全没有必要，因为，我们俩一开始就是竞争关系，只不过，主任的选择让这种关系拨云见日了。如果获胜的是B，那坐在会议室里论人长短的就是我了。

所以，让他们说去吧，这是典型的羡慕嫉妒恨。

（倪岚　邓雯）

专家点评

主动出击把握点滴机会
有效合作力求达到双赢

对职场中的个人而言，近年来竞争越来越激烈。整体上供过于求的人才市场使得每一个个体，尤其是尚无经验的新人，在进入职场的关口就会遭遇到激烈的竞争。好不容易过五关斩六将进入了某个企业，又发现企业中的资源、机会、可晋升的职位等等都是有限的，而期盼着得到这些机会的人却为数众多。这种情况下，不管愿不愿意，职场中人都会身不由己地加入到竞争中。可以说，竞争是职场永恒的基调。像B那样，认为关系好就不存在竞争，实在是天真而又一厢情愿的行为。

但是B的失败并不像她自己耿耿于怀的那样，是因为“够朋友”没想去竞争而失去了先机。职场有自身的规则，能够在竞争中胜出的人，必然是领悟了这一规则并按此行事。所以A的成功只是遵循了职场的规则。即使没有A，也会有C或者D出现。

职场规则虽然可能随行业、职业、企业类型的不同而变化，但其中最基本的，对职场新人来讲也是最重要的一条规则就是：职场的机会只能靠自己争取。

企业招聘员工，给员工成长和发展机会的目的，是为了让他们更好地为企业创造价值。员工只有表现出为企业创造价值的能力或潜力，为企业服务的热情，才可能得到更多的机会。用A的师兄的话来说就是，成功不能靠熬，得靠拼。不能被动忍耐等待机会，而要主动出击争取机会。

对新人来讲，职场机会往往隐藏在细微小事之中。新人初入职场，对业务还不熟悉，不会有太多机会接手重大、完整的项目，能到手的往往只是某个项目的前期准备工作，或者是其中的一些细枝末节，展示自己的机会就只能从这些琐事里面找。其实，再细微的工作也有重要性，链条上的每一个环节都关系到项目最后的成功。做好了小事，才会给上级足够的信心放手把大事交给你。A的转机正是出现在这样的小事上，A的工作主动性和脚踏实地的工作态度是职场所倡导的，也是B所缺乏的。

失去锻炼和成长机会只是B所遭遇困境的一个方面。困扰她的更严重也更紧迫的问题，是竞争中的落败所带来的心理挫折和负面情绪，以及这些心理变化对行为的影响。这也是职场竞争中的失利者常常会面临的问题，他们所失去的不仅是有形的职场机会，还失去了心理上的安宁和平静。处理不好，无形的心理影响产生的破坏作用更巨大，更长久，且常常更难觉察。

B的情况就是这样。她一直以来的自视甚高和优越感让她不能接受A胜过了自己，于是心理防御机制让她自动将A的行为解读为背后的暗算，把自己当成受害者，认为自己“不明不白地自我牺牲”；于是采取的解决方式就是“卑鄙地鼓动人家打官司”，反正“我这也是被逼出来的”。B的这种倾向非常危险，因为她已经明显越了界，做出了和职业道德相悖的行为。对任何职业而言这都是大忌。

另一方面，因为没能很好地调整心态，B的心理健康显然也在出现问题，好心情会忽然低落，人也莫名其妙地烦躁、焦虑。长此以往，职业发展和心理健康都岌岌可危。B需要对自己有个正确的认识，放下一直以来的优越感，重新定位自己。承认自己在职场竞争中的暂时失利，认真学习 A 的长处，然后在职场中从零开始，迎头赶上。

但我们也可以从另外一个角度来看待这件事。尽管职场竞争是常态，但是这种一方受损一方得益的状态并不是竞争唯一的结果。竞争还有可能实现皆大欢喜，那就是双赢。

在一个封闭的系统中，财富、资源、机遇都是有限的，一个人的得到必然建立在另一个人失去的基础上。这时候，成功者的荣耀将以失败者的苦涩为代价，结果就是零和。而职场是开放的系统，社会经济在发展，行业、企业都在发展中不断创造着新的机会；职场中的个人也在不断发展，从失误中吸取教训，不断成长。

这种情况下，竞争中的双方通过有效合作，完全可能实现双赢。只是对“赢”的判断标准不是和对方比，而是和自己比。因为双方从职场收获的资源和机会可能并不等同，但只要都比过去有了收获而非损失，双赢即已实现。只是，双赢的实现要求竞争的双方有真诚合作的精神，不存私心，不耍小聪明，而这些条件往往很难达到。也许，A 只要在开始阶段提点一下 B，就可能出现两人的共同进步。

（华南理工大学学生就业指导中心　刘洁）

实习备忘录

1. 职场的机会只能靠自己争取。
2. 起跑线虽然重要，但更重要的是方向、策略和耐力。
3. 做自己的主角，很重要的是了解自己想要什么。
4. 扬长避短才能获得平衡、和谐、持续的成功。
5. 把自己变成“千里马”才能获得职场伯乐的提携。
6. 背景不够骄人，可以致力于另辟蹊径和提升实力。

2 人生从怀才不遇开始

毕业实习是职场竞争的开始。你在大学期间的优秀和勇往直前并不是赢得职场的充要条件。因为在一定程度上，大学和职场对人的要求和评价体系不是重叠的。所以心怀敬畏，保持着学习的态度去审视周围环境，确认自己在业务能力、职业形象、表达能力和心理调节能力上与环境要求的差距，才能尽快地缩短适应周期。

办公室资历：就是比你早一年

故事一丨十一份礼物变成两份

第一次进办公室，杨双就深刻体验到了“早一年”的威力。

当时杨双的座位刚分配下来，椅子、电脑都横七竖八地摊放着，她展开自以为青春无敌的微笑，向旁边的潘亮打个招呼，请他搭把手。

没想到，潘亮就像听不见似的，只上下扫视了她一遍，悠悠地转过身去。

时间长了，杨双知道，这不是潘亮一个人的毛病。同样是毕业没多久的年轻人，潘亮之所以觉得天然有无视杨双的资格，就是因为他资历老——论资排辈，他早来一年。

若说“衙门”和国企来这一套，用脚指头都能想得出来。但让杨双始料不及的是，这个日本公司的办公室居然也能将“排排坐、吃果果”的精神发扬到极致。

比如，看座位就一目了然。科长坐最里面中间的桌子，鸟瞰前面所有屏幕；两个经理纵向排在两旁，有一点可怜的私人空间；余下的一溜儿在科长视野内的，往门口方向依次排开；杨双这种实习生小虾米就只能和垃圾桶饮水机一起挤在门口。

或者，也不用看，站在办公室外听一会儿：每人有两部电话，其中一部业务电话是所有人共通的。这部经常跳起来的电话不是投诉，就是推销，科长和其他老资格们都可以“聪明”地把电话调成静音。小虾米当然没有“聪明”的资格，不得不整天泡在各色电话里，忍受南腔北调。有时接电话慢了，不免要打扰其他人的“业务研习”，换来几个大白眼。

刚出校园的杨双哪里经历过这些。来之前，她还天真地以为私企就是各司其职、效率很高，诸如值日、拿报纸、换饮水桶这一套工作都由后勤完成。现实情况是，几个月下来，她和另外几个新人不但要完成这些，还得给几乎和她同岁的潘亮买盒饭。有时看着潘亮催促时那心安理得的模样，杨双真恨不得把盒饭摔在他脸上。

有时潘亮的“糊涂”，更让杨双觉得不可理喻。

一天中午，子公司合作部打算送一些节日礼品，打电话确认一下人数，有几个人就送几份过来。

实际上办公室有 11 人。

这么一个简单的答案，到潘亮嘴里就变了味道：“是这样，你听好啊，我们这里有领导一人，两个人去休婚假了（其实下周就回来），还有四个临时工（其实一直同工同酬），有两个是实习的助理（包括正式工作已经半年的杨双）……”

当天领导们都不在，潘亮如此认真、细致地介绍工作实属罕见。当然，这一番介绍的效果也很清楚，合作部最终只送了两份礼品来——

一份给领导，一份给潘亮。

杨双哭笑不得。她看着潘亮费力向对方解释，不像是糊涂，但杨双转正的情况，按说刚转正一年多的潘亮不可能“糊涂”得忘了。那几天，她一想起这话就气不打一处来，但想想真要为一篮水果、月饼之类的东西翻脸，也不值。

杨双只能劝慰自己：天将降大任于斯人也，要忍！

还好，老天有眼，机会来了。

最近，杨双在接那部无聊电话时，恰巧抓住一个合作项目。经她一再申请，公司同意了这个安排 40 个客户去外地野营一周的项目，项目名为体验公司产品，说白了就是带客户出去玩儿。

这让杨双有了些许盼头。从联络营地、安排行程到一个个确认大家的时间，邮件发了十多次，电话也打了几百个，她还特地去各环节落实了一遍，把人员、预算、行程都安排妥当。

开拔前一天，杨双正计划着第二天要带的行李和服装时，科长把潘亮叫到办公室后排，声音不大不小地说：“小潘，× × 项目准备得差不多了，明天都是大客户，你要好好带队啊！”

这一句就是结局。

杨双懵了。她甚至不记得自己随后对科长都说了些什么，又做了些什么。直到第二天潘亮喜滋滋地登上大巴，杨双才清醒过来，没什么按劳分配，劳动时小兵先上，分配时倒过来安排，这就是现实。听说前年经济好的时候，潘亮还安排过出国项目，最后去的是科长。

她想了几天，都不知道怎样面对野营归来的潘亮，一定是春风得意、不可一世吧。

没想到，和潘亮一起来的，还有一张新人的办公桌，缩在门口。更没想到的是，潘亮看见杨双分外亲热，凑过来抱怨道：你看，今年新来的小孩，真没礼貌。

仿佛他们之间，从来就没有过那“一年”。

故事二丨我是干活的小破孩儿

那个万恶的电话，我狠狠地甩甩头，想把瞬间就涌上脑海的那个尖利的女高音甩掉。

事情起于工资条。搁平时，我也就瞄一眼“合计”，知道总额就好，可那天偏偏敏张喊了一句：“哎呀，什么叫生活补助？”

我迅速又仔细地扫了一遍工资条，没有发现“生活补助”。虽说只有区区 45 元，但同是公司的实习生，凭什么敏张就需要补助，到我这儿却连生活都没了？饿死事小，公平事大，我抄起电话就拨人力资源部。

“这事不归我管，你打 6769。”对方听了个大概，干净利落地把我打发了。

如此，我又锲而不舍地按了半天数字键，终于，一声“找谁”终结了我的重复劳动。

“我们是按办公室给的数据发工资，你跟我说没用，找办公室吧。”

“呀，那你可得小心！”敏张调侃说，“首先得叫曹姐，虽然她都 50 多岁了。”

敏张是我们部门唯一跟办公室打过交道的人。身在业务部门，一同共事的都是通过公开招聘进来的大学生，虽说是在国企，我也没体会到传说中的论资排辈。至于办公室、人事部门、工会之类的机构，我对它们的认识仅限于挂在墙上的组织结构树状图，既没有清楚地了解，更没有直接接触。但是，不接触不代表人家没资历，更不能说你能不把人家放眼里。

前段时间，敏张需要找办公室盖个章。等他忙完手边的活，赶到办公室，正碰上曹姐收拾东西。“你明儿再来，我要下班了。”曹姐说得理直气壮不容置疑，压根儿没给敏张开口商量的机会。

按公司的规定，五点半才是下班时间。“就盖个戳儿，”敏张现在说起来还是很激动，“我去的时候还有20分钟呢，你说她怎么一点儿都没觉得不好意思？”别看敏张跟我说得义愤填膺，当时他可是没有还口，乖乖地就撤回来了。

“公司里就数这些地方谱大。”敏张说，行政职能部门都是公司的“老人”，来得早，待得时间长，非常有心理优越感，哪怕跟我们一样只是个普普通通的小兵！由于考核、薪酬待遇不走一个序列，职能部门跟业务部门犹如两个独立的阵营，平日里鲜有往来。在他们眼里，我们这样的，都属于“干活的小破孩儿”，处于金字塔的底层。

说实话，人际交往不是我的强项，更不用说跟一个心理优越、办事强势的前辈打交道。我都想放弃了，45块钱，不要了不行吗？但是，转念一想，以后要每个月都没有岂不是很郁闷？思前想后，我决定“冒险”一试，大不了被呲儿一顿呗。

下定决心，我抓起电话，“嘟——”，没人接。开始时的紧张情绪随着电话音的延长，变得越来越舒缓，我隐隐地松了口气，感觉像是躲过一劫。算了，不要了，我又打起了退堂鼓，就为 45 元，人家肯定觉得我太计较。可是，如果每个月都这样呢？ 45 的倍数幻化成阿拉伯数字不断在我眼前膨胀。

想到这儿，我又抄起电话，心里有些紧张，好像准备着挨领导一顿批评一样。

“凭什么你就得有啊？”曹姐尖利的女高音把我噎得半天说不出话来，原先打好的腹稿被吓得无影无踪。想象跟现实的差距总是这么大，我从未想过会有这样质问性质的答复。原先设想的什么客气、尊敬，显然不是在这种语境下进行。瞬间，我竟然有点儿羞愤交加，这个电话让我觉得自己如同无理搅三分的赖皮一般。

话筒那边不再言语，我也手足无措，不知道是不是该把电话挂了。听筒里传来哗啦啦翻纸的声音，良久，“哦，我把你给漏了。”曹姐冒出来一句，“这个月就没有了，下个月给你发吧。”

按理说，我已经“反败为胜”，甚至可以绝地反击质问她一通。但是，我当时一点儿这种念头都没有，曹姐的这个许诺已经让我备感欣慰，非常知足了，根本就顾不上追究她的责任，或者说，压根就不敢问一句“凭什么不给我补？”

我只是一个劲地说：“谢谢，谢谢！”

“这样，下个月 15 号，你再打个电话提醒一下我。”曹姐说，“我事儿太多，别忘了啊。”

套个流行词，这事儿太雷人了。但是，我认了！

（白的的　倪岚）

专家点评

放平心态正视资历存在
推己及人学习做人做事

在公司，资历是一种特殊的存在。没有任何文件会提及它，但它却像职级这样的正式评价标准一样，拥有在很多利益面前优先的资格和对事情的影响力。可以说，资历是一种非正式的权力。

仅凭在公司里待的时间长就有了对新来者指手画脚甚至夺取利益的资格，看起来确实不公平。然而在对此大加诟病之前，不妨先思考一个问题，那就是，为什么他们可以这样做?

公司论资排辈的文化是一个显而易见的原因。但是抱怨自己即将待下去的公司显然无助于解决问题。而且考虑到对“资历”尊崇的公司，不仅有我们传统认为的国企，还有日企这样的外企；事实上，就算在新人上位相对容易的欧美企业，“老资历”地位特殊也并不鲜见。因此“资历”在公司有其地位，还要找找其他的原因。

资历究竟意味着什么？首先它意味着人缘，一个公司是一张庞大的人际关系网络，资历意味着和网络上的很多点都很熟悉，甚至有很好的关系。这种人缘对在公司生存无疑大有裨益。资历还意味着信息的掌握，比如谁的脾性如何，谁和谁是对头，谁有什么裙带关系。信息有助于对事情的把握，清楚什么必须做，什么不能做；什么要第一时间做，什么可以拖一下做甚至完全不做；什么事应该怎么做，通过谁来做，等等。这些和会做事情本身同样重要，甚至可能更加重要。老资历们在公司游刃有余，正是因为清楚公司这些潜规则，很会“做人”。

因此对于新人，对“资历”的不满可以理解，但更有建设性的做法是，考虑如何尽快获取资历，缩短被看做一个“新人”的阶段。

首先是要学习做事。一是向身边的“老资历”学习。他们不一定愿意主动教，那么就只能自己留心观察。比如潘亮，一个简单的电话也接出了花样。这看起来只是势利，但杨双可以考虑潘亮为什么要这样做，里面有没有什么值得学习之处。潘亮接电话的方式其实可以看出他做事的主动性，不是简单的问什么就答什么，而是以结果（对方送礼是为了什么）为出发点的考虑问题。并且这种方式可能是为他的上司所喜欢的，因为11份礼物变成两份，每份礼物的价值可能会大一些。杨双不一定要认同潘亮的行为，却需要看得明白。观察和思索比简单的道德批判有意义得多。

二是在所做的事情中学。新人很难有机会从事什么大任务，这就意味着要认真对待身边所有看似琐屑无聊的小事。其实工作无小事，小事情处理不好很可能演变成大麻烦，比如投诉；小事处理得好，也可以变成好机会，比如杨双争取来的项目。尽管没能享受最终成果，杨双其实也大有收获。她展示了统筹和安排能力并且得到了认可，潘亮的态度转变就是最好的证明，并且通过这件事成功地脱离了“新人”队伍。因此绝不能轻视工作中的“小事”，对于新人，做好小事是获得信任争取做大事的基础。

除了学做事，还要学习处理关系。要做好这一点，需要知道人际关系的一些基本准则。

人际关系中有一个简单而重要的原则，我们容易喜欢喜欢我们的人，讨厌讨厌我们的人。而新人对老资历，常常是不屑他们的势利，气愤他们媚上欺下，却又不得不屈从于他们的威压，因此对他们的感觉往往混杂了敌视、不屑、敬畏等多种情绪。我们自以为能把这些隐藏好，然而人际沟通中90%以上的信息都由身体语言、面部表情等传达，我们很容易被真实的内心出卖。倪岚和曹姐打交道的不愉快，恐怕和她先入为主的刻板印象不无关系。你把对方当夜叉来打交道，当然很难期望她变成白雪公主。

其实不妨简单一点，老资历也是人。一方面，老资历都是从新人的路上走过来，新人今天的不公平，他们多半也经历过。这么想，做类似买饭盒这样的事就不会觉得掉价；平时见到，也可以平和地把对方当前辈打个招呼。只要混个脸熟，就不容易出现敏张这样举手之劳对方也不愿帮忙的情况。另一方面，每个人都有脾气或心情不好的时候，老资历态度不好，不一定是针对新人。因此不要带着惧怕和敌意和他们打交道，不妨把他们当成普通同事，询问和请求帮助都很正常。

当然，肯定存在真正自恃资历作威作福的，那么敬而远之就好。必须打交道时，能忍就忍，该争就争。只关系到自己的小利，不用太计较；关系到要紧的工作，应该据理力争。老资历很清楚利害分寸，而不说出来误了事就是自己的责任。

当然，不是所有人都能够或愿意忍受“资历”至上的不公正，这时候换个公司也是不错的选择。只是在离开之前最好练好本事，尤其是发展好专业，在某项事情上做到无可替代。毕竟不管多么重视“做人”的公司，总还需要有人做事；而尽管所有公司都或多或少需要做人的本领，在程度上毕竟还有差别。

（华南理工大学学生就业指导中心　刘洁）

不幸成了一个“蘑菇”

故事一丨从满怀欣喜速降到大失所望

一想到自己在接到实习录取通知书那天，兴高采烈地满学校张罗着请人吃饭，小黎就觉得特不值——不是吗？正儿八经的大学毕业生，工作竟然就是天天钻胡同敲门做入户调查，还得从头到尾像汰渍广告里那个光头郭冬临一样赔着笑脸。郁闷！

刚进入这家世界级休闲食品公司时，小黎对自己的未来充满了憧憬：假以时日，他随便走进一家超市或者小卖店，货架上都能看见自己设计配方的糖果和小饼干；赶上逢年过节亲友聚会，还可以拿着没上市的新产品逗小孩，向大家炫耀自己的劳动果实，多有成就感的事情啊！

可惜，他万万没想到，自己竟然会被分配到一个没有技术含量的岗位上。想当初，他可是奔着“产品开发”投的简历，估摸着应该是在实验室里测测防腐剂和阿巴斯甜是否超标，为全国人民的食品安全负责。

可谁知道，做的实际工作竟然是“产品开发”下的“测试与分析”。说专业点儿，那叫“消费者测试”。说白了，就是准备一书包的产品小样，送给别人白吃，然后一个劲儿追着人家问：“好吃吗？够脆吗？再甜一点好不好？”

有时候，小黎自己都觉得自己烦人。不就是几块饼干吗？竟然能问出整整两张 A4 纸那么多的问题！人家的舌头也不是什么高端仪器，真能感到你混在里面的花生碎直径差几个微米？可牢骚归牢骚，活儿还得好好干。客客气气地把人家请来，好茶好水地伺候着，脸上还要始终保持露出六颗牙齿的标准客服式微笑。只为最后得到的数据能做出漂亮的图表，好让组长可以向上级汇报。

看着那些口味挑剔的品尝者，小黎一直纳闷：怎么自己以前就不知道，天下还有这样的好事？吃吃东西，提点儿意见，临走还有 50 块钱的钞票拿？早知如此，当初何必辛辛苦苦找工作，直接坐在食品公司的大门口，等着吃不就得了！唉，当初要知道具体工作是这个，还不如去百货公司做促销员呢！起码只管分发，不用追着人家问意见。

而这个月的任务比以前更磨人，组长竟然临时答应支援幼儿食品组的工作，派大家联系入户调查。还特别要求，要找那些家庭口味比较传统的老北京家庭的孩子。可怜的小黎只好溜着二环路里面的胡同找合适的小孩。

也不知道是不是因为长相缘故，小黎遇上的家长都像防人贩子一样提防他。这让他很不爽：不就是给你家孩子吃两块糖吗，又不是吃宠物食品，犯得上那么担心吗？

整整一天，小黎好话说了一车，口干舌燥，外带当着孩子爸爸妈妈、姥姥姥爷的面，吞掉大把大把的测试用糖，以示绝对无毒无害，才勉强取得了三位家长的同意。

做测试的那天，前两家还算比较顺利，按计划准时收了工。中午，小黎和同事匆匆忙忙在肯德基填饱了肚子，跳上出租车往第三家赶。可没想到老天不长眼，他们坐的那辆出租车在高速公路上抛了锚。

小黎他们左等右等不见车有修好的可能，时间却毫不留情地越来越接近约定的三点，没办法，走吧！一路疾走，终于呼哧带喘地赶到了附近的出口，换上了车。等他们准时赶到孩子家里的时候，孩子的姥姥姥爷倒是很客气，招呼他先坐下，喝口水，歇歇脚。

“您别忙了，小朋友呢？我们开始吧。”

“不着急，不着急。宝宝上午跟他爸爸去动物园了，玩得特别累，这会儿刚睡着，让他多睡一会儿吧！要不，咱们改天再做行吗？我们不要那个测试费也行。”

唉，你们是心疼孩子，当然不在乎那点儿测试费，可我们现在上哪里再找别人啊？于是，小黎只得在那个对下一代充满关爱的家庭里等了足足两个多小时，晚上还因为迟到惹女朋友发火。

想来想去，心里那个气啊——什么破工作，老子不干了！

故事二 | 烦人差事中的意外收获

工作整整半个月了，天天做着杂七杂八的小事。15 天了啊，APPLE 扳着自己的手指头，小声嘟囔一句：“无聊！”她刚刚在夏天通过了国家考试，获得了心理咨询师的资格，一心想做一番大事业。可是一连找了两个月的工作，都因没经验而屡屡被拒。所以这一次她放低了要求，准备先从助理做起。

没想到，连个助理的实习机会都有那么多人竞争。APPLE 过五关斩六将，好不容易才被一家咨询中心录用为实习生。上班第一天，她看到了那些面试没通过者的名单，总算找到了点儿心理平衡。

不管怎么说，自己也算正式跨入这一行了。

可惜，这种平衡没过多久就消失了。因为这个“助理”的工作内容，和 APPLE 原本的设想差距实在大了点儿。她本来以为，助理就是跟着一个资深咨询师，帮着他整理咨询笔录，偶尔还提点建议什么的。而实际上，这份工作确切地说还不如叫“接待员”或者内勤更合适。每天，她就是接听预约电话，为前来咨询的人确定咨询师以及时间和房间，然后在咨询结束的时候收费、开票，再在下班前支付当天出诊的咨询师相应的报酬。

让人心烦的是，助理的工作让 APPLE 总要应付各种各样难缠的人。有人一个星期打六个电话，问来问去也不确定是否真的要来；有的人预约时间确定了又改期，改期了又取消；有人坚持说咨询师只说了半个小时，所以自己只交一半的钱；还有人趾高气扬地一定要找指定咨询师，派个秘书天天来问能不能加号。这些麻烦事统统都要 APPLE 来搞定，而咨询师们只需要按时来到 APPLE 做好卫生、摆好纸笔的咨询室里，开始谈话就万事大吉了。

至于在咨询现场旁听的机会，根本是没有的。又不是医学院的老师带实习生，中心怎么会牺牲客户对保护隐私的要求，白白提供给你学习的机会？有几次 APPLE 违反纪律，偷着在电话里直接给对方做咨询，也被主任批评了一顿，提醒她这样“角色不对”。

这让 APPLE 的心里很不服气——不就是怕我做了免费咨询，中心的生意减少一单吗？想想自己的运气也实在不好，千辛万苦找到的工作，还是离真正的心理咨询差了十万八千里。难道等自己做了一年半载这样的接待，再找工作就能说自己“有经验”了吗？这样下去，岂不白白浪费时间？

所以这几天她的工作热情直线下降，接电话也没有以前那么有耐心了。偏巧这时打进电话的人特别烦人，号称自己查阅了很多心理学的资料，确定自己的孩子是有点人格障碍，一定要给他安排一个这方面的专家。

正好中心这方面的咨询师有时间段，APPLE 就直接推荐了这个咨询师。可对方又没完没了地问还有没有别人，让 APPLE 一个又一个地把每个咨询师的情况作一番介绍。这还不算，接下来他又不依不饶地问到底是不是专家，够不够权威？

一个电话拖了足足 20 分钟，这让 APPLE 有种想摔东西的冲动。她心里嘀咕：专不专家你问我，我怎么回答？我说是，你信还是不信。可是还没等 APPLE 说出口，对方的下一句话更是让她火冒三丈，竟然说：“我能理解，你们也有商业上的考虑，但你不要正好谁的时间空着就安排谁，然后糊弄我们是专家，只为了快点有生意。”

“我的工资跟每天接待几个咨询一点关系都没有，信不信随你——”APPLE 实在懒得搭理这个人了，也不想客不客气的问题，随便应付了几句就挂掉了电话。

这时正好有位咨询师刚刚结束咨询，来到接待的沙发上休息一下，APPLE 就向她抱怨起这个经过。

“其实他并没有在怀疑你 APPLE 本人，他只是在怀疑他致电的这家咨询中心。如果他来接受咨询，他也一定会怀疑他选定的咨询师。其实啊，你大可不必向他解释你的清白，而是应该想想他在打这个电话之前，为了克服自己的怀疑花了多少的勇气。”

“我们与来访者的咨询关系，并不是在他和咨询师进入咨询室才开始的，而是从他们打通第一个电话时就开始了。APPLE 你很想做咨询，其实你已经在做很关键的工作了，就是与来访者建立信任。而这并不一定要等到你见到他们那一刻才开始。”

前辈的话对 APPLE 的触动很大。她突然记起，上课时老师一直强调：咨询师不仅要听对方说话的内容，还要从对方说话的口气、用词、声音中听出他的心态、情绪和性格特征。

怎么如今工作了，反而把这些全都忘了？原来自己离真正开始工作还有很远的路要走啊！

（官学萍）

专家点评

忍受寂寞做好点滴小事
持之以恒期待厚积薄发

我听到过不少刚刚走上职场的人抱怨“蘑菇定理”——备受冷落，满腔抱负没有施展的机会，参与不到核心工作中。在他们看来，埋头苦学了十几年，终于有朝一日可以大展宏图了，可猛然发现，自己竟然在做着一些“初中没毕业都能做的事情”。于是他们觉得苦闷，觉得怀才不遇，觉得生活对自己太不公平，甚至有一些人，干脆放弃了这份自己当初千挑万选得来的工作。

可是我要说，绝大多数的职场新人，都有过当“蘑菇”的悲惨经历。

“蘑菇”的表现之一是，被安排的多是打杂跑腿的事情，每天的工作琐碎重复、没有建设性。打水、擦地、拿报纸、复印材料、誊写文件……办公室里的一个潜规则就是，这些脏活累活永远是给新人准备的。或者像小黎那样，每天找人做“消费者测试”，就像一个推销员，没有任何技术含量，还被大家怀疑。

另一个表现是，没有任何的锻炼机会，看不到“出头之日”。好的机会一定是老员工的，新人永远不会受到重视。像APPLE，偶尔想抓点儿机会给客户电话咨询一下，锻炼一下自己的咨询能力，可被领导发现了还会遭到批评，偷偷的都不行。

为什么会出现这种情况？企业难道就是因为他们是新人，刚毕业的学生好欺负？中国这几年就业形势严峻，公司是不是趁机利用廉价劳动力？

如果你抱着这样的想法，自然一直会陷在负面情绪里，对工作提不起精神。其实，无论是对个人还是对企业，“蘑菇定理”都有一定的积极作用——

对个人来说，这些没有技术含量的基础工作，是很好地了解企业的生产经营、了解客户的基础，了解了这些，日后做复杂的工作时才能得心应手。小黎的消费者测试，如果调查的消费者积累到相当的数量，对于他后面工作中开发新产品，了解消费者心理，准确进行产品定位有非常重要的价值。APPLE咨询师助理的工作内容，就像后来咨询师跟她讲的，看似不重要，但客户的咨询从第一次通电话就开始了，这对于她成为咨询师是重要的积累和锻炼。

对企业而言，管理者可以从琐碎小事中发现人才。刚刚进入公司的大学生专业水平差别不大，但人格特质却可能迥然不同，企业更愿意选择做事认真、踏实、有韧性、有责任感、更加主动积极并善于动脑的新人作为培养对象。发现这些特质并不困难，能持之以恒地完成简单任务、做好“小事”的人，领导才可能会在将来，放心地把“大事”交给你做。

但换一个角度来说，当踌躇满志的美好期望与现实产生了巨大落差，肯定会打击到很多年轻人的信心，使他们丧失热情，在工作时采取一种应付的态度，敷衍了事。因此，如何快速高效地走出职业生涯中最初那段“蘑菇期”，为日后积累工作经验和人生阅历，是每个初入社会的年轻人必须面对的问题。

我有几个建议与正处于“蘑菇期”的年轻朋友分享：

1. 认真对待工作。认真对待你现在所从事的工作，并全力以赴地做好它，这是一切事业的开始，同时为以后打下坚实的基础。APPLE已经开始转变自己的思路了，她认识到点滴小事都是工作的重要部分。在热播的电视剧《士兵突击》中，男主角许三多就是一个这样的人，只要是自己职责范围内的，他都要认真做好，没有任何借口。

2. 加速适应社会。当你到了一个并不满意的公司，或者被分配在某个不理想的岗位，做着无聊的工作时，要学会适应。吴士宏担任微软中国总裁期间失败了，她在离开时的总结中说，失败的真正原因是自己没有先融入环境，而只想去改造。对于新人而言也是一样，要想改变环境，前提便是先适应环境。职场新人能否适应企业中的行为模式和游戏规则，往往决定于在最初一段时间的“蘑菇进程”。

3. 避免沾沾自喜。对于初出茅庐者来说，在做完工作、取得成绩之后，总是希望上司和同事会注意自己，并得到承认和赞扬。事实上，并不是每一点成绩都会被别人看在眼里，因此，避免沾沾自喜的心态，沉下心来，脚踏实地，一步一个脚印，才能取得更大的成绩。

4. 学会持之以恒。很多人在“蘑菇经历”时最容易产生的念头，就是放弃。如果没有咨询师的一番话，APPLE 有可能很快会放弃自己的工作，这对她将来的职业发展是非常危险的。真正的成功，属于坚持不懈的人。只有认准目标，不断坚持，在“蘑菇经历”中积累一些可贵的经验和素质，才能为以后的“厚积薄发”做好铺垫。

（全球职业规划师　朱伦）

该说话的时候成了“哑巴”

故事一丨“小耳朵”成了团队的尾巴

小蔫最怕开会了，哪怕是每周一上午雷打不动的例行策划会。一想到要在众目睽睽之下说话，她就浑身不自在。

小蔫的实习工作是在一家广告公司做文案。简单说来，就是把团队讨论出来的好想法好创意，或者需要向客户提供的材料，整理成书面策划案。小蔫的文字功夫不错，这份工作倒也还算得心应手。

唯一的问题出在“说话”上。

在学校的时候，上课占据了小蔫大部分时间和精力，甚至成了她的一种生活方式——她只需要蜷在教室的某个角落里，默默地，听讲台上的老师引经据典谈古论今，眼中充满了崇拜。她不爱发言，也不爱提问，不过没关系，在课堂上，带着耳朵就足够了。

私下里，小蔫其实一点儿都不蔫，也挺爱凑热闹。可不知道为什么，一到正式场合，她就脑子发懵，舌头打结，越着急越不知道说什么，说什么都不对。

当学生的时候这不是什么大毛病，可到了职场，会不会说话就太不一样了。

上班第一天开的第一次会，小蔫就被镇住了：讨论策划案的时候，同事们“那叫一个有想法”，个个都那么能言善辩。“看他们互相反驳互相质疑那阵势，真让人受刺激。”其实，坐在角落里的小蔫也提前做了功课，但听了别人的，她暗自庆幸——幸亏没发言，自己的创意太小儿科了，要是让同事们知道了，肯定就俩字：滥俗！

慢慢地，小蔫掌握了一个策略，再开讨论会的时候，她都穿得很低调，尽量坐在不起眼的地方，避免被领导注意到。万一被点到名非要发言，她也会尽可能地简短，或者干脆抛出一个新问题，引起讨论，这样就能把大家的注意力从自己身上转移出去。

效果不错，小蔫成功地躲过了很多次发言，被“当成靶子”这种事也基本上没在她的身上发生过。可不知道从哪天开始，小蔫忽然意识到，自己越来越不会表达了。

每天上班，小蔫都一头扎在电脑前，干会儿活，间或跟同事在MSN上不咸不淡地八卦几句，天天如此。除了午饭时间，小蔫的交流对象几乎只有电脑，只有躲在屏幕后面，用键盘敲字的时候，她才觉得自在。

即便是有限的午饭时间，同事们围坐在一起边吃边聊，小蔫也总是听得多说得少。有时候想插句嘴凑凑热闹，似乎也不知道从何说起。如果别人冷不丁问到她，她总会先“大脑一片空白”，然后再结结巴巴地回应几句，草草结束。

小蔫整天笑笑的，没什么脾气，人缘很好。只要别人开口，她从来都是“好的，没问题”，领导或者别的什么人交给她的任务，更是无条件服从。

“你觉得这个方案怎么样？”

“挺好的！”

“咱们中午去哪儿吃饭？”

“随便，我都行。”

时间长了，同事们也习惯了小蔫的“低调”，只把她当成耳朵，有什么需要拿主意问意见的事，也不再找她了。

“我很苦恼，”小蔫说，“我觉得自己成了团队的尾巴……”

故事二丨校园愤青变成职场“潜水员”

晓波“年轻的时候”原本也是个愤青的——

大学四年，他在校园网上叱咤风云，发帖、回帖、掀起讨论、组织网聚，样样搞得风生水起。粉丝们把他当成意见领袖，遇到什么事，总愿意听听他的看法。

实习结束后，晓波却成了办公室里一个地地道道的“潜水员”。

公司内部也有个论坛，员工们可以实名在上面发帖。内容很杂：有发布通知的，有征求意见的，有讨论业务的，有插科打诨的，有转载八卦的……可每次晓波就只是看，极少发言，完全没有了当年的风采。

提及这个转变，晓波只是说自己“长大了，不再那么冲动了”。“职场上，少言为妙。”他总是摆出这样一副欲言又止的样子。

刚进这家公司的时候，晓波也是论坛上的“活跃分子”。有一次，他针对某同事发的业务讨论帖，写了好大一篇回复，详细阐明了业务部门和支持部门之间“应该”的关系，观点针锋相对，措辞也比较犀利，内容涉及了公司好些个部门。

晓波所在的客服部门经常接到各种各样的投诉电话，好端端就被电话那边的客户劈头盖脸一顿臭骂，莫名其妙地替业务部门“背黑锅”。他发现，其实，业务部门只要稍加注意一下，很多问题就能解决，麻烦就会避免。可业务部门的人始终觉得，“跟客户解释是你们的事，我们就只管干活。”

晓波有点儿不忿，他把自己想表达的观点意见一股脑儿写了下来。按下“发送”键的那一刻，他感觉畅快淋漓，无比尽兴。可他完全没料到，这场网上“论战”很快就在公司内部掀起了一场不小的风波。

同事们背后议论纷纷，觉得晓波一个年轻人“没有分寸感”，刚来几天就指手画脚横扫一片，不该在公开场合给老同事下不来台，觉得他这是在出风头……

直到主管领导找晓波谈了次话，他才意识到自己扮演了职场上一个“不怎么光彩”的角色。那场谈话的中心思想是：职场不是学校，年轻人应该夹着尾巴做人，不能太张扬，该说的说，不该说的不说。

晓波当时挺不服气的，但静下来想想，觉得领导说得也有道理，自己确实有些不知深浅了。但他一时还不是很能把握什么是该说的，什么是不该说的，于是决定保守一点儿：无论什么话，少说。

刚开始逼着自己不说话确实挺别扭，话到嘴边上，硬是要生生咽回去，那滋味可想而知。可时间一长，习惯成了自然，也就没什么障碍了。后来，这个习惯从网络上蔓延到现实中，开会讨论，征求意见，晓波也不怎么爱说话了。

就这样，晓波成了公司里一个“旁观者”。“旁观就旁观吧，”晓波说，“话不能乱说，否则就容易祸从口出。枪打的就是出头鸟，部门里好几个年轻人都是因为说错话牺牲掉的。”

然而交流在职场上是必不可少的。遇到非说不可的情况，晓波总是习惯用邮件代替打电话——把要说的话写在邮件里，再反复斟酌一下，看看有什么用词不妥语气生硬的地方，逐一修改过来；而电话呢，说出去的话泼出去的水，万一说秃噜嘴了，后悔都来不及。

慢慢地，晓波变成了一个“笨嘴拙舌的人”。前段时间，一个很久没见面的老朋友打电话找他，正赶上他在开会。

“一会儿给我回电话。”朋友发短信给晓波留言。

可是，一连过去了两三天，晓波的这个电话还是没有拨出去。“不知道聊什么好，还是算了吧。”他说。

（米芫）

专家点评

固有行为模式被职场放大
适应工作环境需转变心态

大量的职场心理咨询使我对“办公室政治”领教了很多。初看“办公室失语”的标题，我不免倒吸一口气，做好了面对惨烈的心理准备。但通读下来，我却释然地舒了口气——两个故事的主人公“失语”的原因，并不是职场环境多么恶劣、同事多么不容人，而是他们入职前本来就存在某种行为和思维上的缺陷。入职后，这些缺陷被放大了。

学生时代的小蔫应该算是传统意义上的好学生，“上课占据了大部分时间和精力”。但另一方面，过于狭小的视野使她内心充满了自卑，“她不爱发言，也不爱提问”，是怕自己不如别人，更怕别人发现这一点，因此缺乏表达自己意愿的动力和勇气。尤其是在她认为比较优秀和权威的人面前，小蔫更是不敢说话，以免“露怯”。

在不少职场“菜鸟”身上，我们都会看到小蔫的影子：怕说错话丢脸，在前辈面前丢面子挨骂，于是她选择了“逃避和尽量不说”作为应对方式。短期看来，“小蔫整天笑呵呵的，没什么脾气”，可能确实是职场初期一种不错的自保方式，但问题是，时间长了，“失语”状态会让她变成职场隐形人，有什么需要讨论的问题，同事们谁都想不起来征求她的意见。

可见，作为职场中人的小蔫的“失语”源于自我价值感低。

大学时代的晓波书生意气，“在校园网上叱咤风云，被无数‘粉丝’当成意见领袖”，这无疑强化了他遇到什么问题就发表自己观点的行为习惯。初入职场，在不了解企业组织构架和业务流程的情况下，他“针对某同事发的业务讨论帖，写了好大一篇回复，详细阐明了业务部门和支持部门之间‘应该’的关系，观点针锋相对，措辞也比较犀利，内容涉及了公司好些个部门”。

“论战风波”引起了同事们的议论并直接导致晓波被领导谈话，“他才意识到自己扮演了职场上一个不怎么光彩的角色”。这种“愤青”状态，伤害的不仅是自己，还有可能扰乱整体秩序，成为团队的不和谐不安定因素。

于是他转向了另一个极端——基于“避祸”心态的“失语”。而这样极端的方式，又与他冲动型的行为模式有关。

透过两位主人公“办公室失语”的经历，我们再一次深刻地感受到，职场新人要想“赢在起跑线上”,就要在入职之前,盘点自己过往的价值观、思维模式和行为习惯，看看是否存在什么缺陷，是否适合职场对职业人的要求，如果发现差距就一定要花大力气进行改善。

对视野狭小羞于表达的小蔫来说，在工作了之后发现自己的问题，并不算太晚。谁都要经历一个“从不会到会，从不好到好”的过程，只是不要将自己定义为“小可怜”，明确地告诉自己，现在是“二次学习”的过程，以积极乐观的态度虚心地向周围所有的人学习，不断地提高自己的业务水平和表达能力，同时接受自信心培训来提升自我价值感。

而对学生时代过于张扬的晓波来说，过早地“锋芒毕露”暴露了他不谙职场规则的弱点，也带来了一些负面影响。幸好，随后的“失语”在一定程度上起到了“避祸”的效果。但因为“失语”时间过长，已经影响到了他的价值观和行为模式，进而影响到他的生活质量。他现在应该做的，是重新规划一下自己的职业生涯，同时进行人际沟通训练，尽快从被动压抑的状态中走出来，以更加理智和积极的态度面对自己、面对职场。

最后我想告诉那些刚刚或者即将走入职场的“办公室新人”，你在大学期间的优秀和勇往直前并不是赢得职场的充要条件。因为在一定程度上，大学和职场对人的要求和评价体系不是重叠的。所以应心怀敬畏，保持着学习的态度去审视周围环境，确认自己的业务能力、职业形象、表达能力和心理调节能力与环境要求的差距，并尽快地缩短适应周期。

（心航路教育网创办人　张丽珊）

同事是个工作狂

故事一 | 谁都别跟我提“榜样”

都说榜样的力量是无穷的，可究竟是动力还是压力，只有榜样身边的绿叶才明白。

榜样就是陈文，东北人，可生了一副江南文人的骨架子，不喜荤腥，菜里的一片猪肉都能让他恶心半天，要是来一阵龙卷风，没准儿他就会腾空而起。所以，这样一个羸弱书生摇身一变成了享誉公司的“拼命三郎”的时候，大家有些发蒙，仿佛陈文撒了个弥天大谎。

那天，公司的副总来检查工作，正当老总微笑颔首说“同志们辛苦了”的时候，陈文晕倒了。一阵手忙脚乱之后，上司见缝插针地在老总面前把陈文好一顿猛夸，什么忘我工作、无私奉献、废寝忘食之类的，陈文成了积劳成疾的模范实习生。

齐瑞心里有些酸涩。在他眼里，陈文有点儿不合群，除了工作，他好像没什么特别感兴趣的事情。来得早走得晚，回家还得带着笔记本电脑，因为“还有活没干完”；工作时不苟言笑，间或闲聊，也只是“嗯”“啊”应付；中午的聚餐、周末的郊游，陈文鲜少参加，总是“有事要忙”。

陈文的这些“各色”行为，同事们常有讨论，困惑中有些钦佩，他真是那种以工作为乐的人。在齐瑞看来，工作是公司的，生活却是自己的，放弃那么多美好的事情，就知道拼死拼活加班，日子未免单调乏味了些。但陈文不同，无论是加班还是放弃休假，绝对地自觉自愿，不提加班费，更不要求轮休，真真儿的新时代老黄牛。

理解但不认同，这是齐瑞的看法，按部就班跟加班加点，两种不同的工作方式，好比有人见美食喜欢囫囵吞下，有人却喜欢细嚼慢咽。

可是，陈文的那场榜样秀，太过壮烈，余震不断。

上司不失时机地对陈文进行部门推广。每每开会，他都要和颜悦色拍拍陈文的肩膀，叮嘱他注意身体，不要太拼命；交待工作计划，没一点儿不好意思，喊着加班加班，成了勉励大家的口头禅。

这就是跟榜样朝夕相处的代价，干多干少都没他耀眼，好比众星捧月，周围的星星再怎么熠熠生辉，也比不上皓月悬空的气势。齐瑞想得明白，即使你像陈文一样当狂人，出头露脸也来不及了，榜样能供瞻仰，不能复制。

但是，公司的气场悄悄变了，工作好似繁重紧迫起来，谁要想到点下班，得找个不得不走的理由，不然就像是在干什么见不得人的事情一样。

这般诡异，齐瑞不堪重负，苦不能言。他做不到特立独行，也没有“众人皆醉我独醒”的心理素质，只能强迫自己向陈文学习，放弃电影、放弃聚会、放弃美食，日日在公司的电脑桌前流连，虽然大部分时间在浏览网页，但也得苦熬到八九点钟才能理直气壮地走出公司大门。

终于盼来了周五，齐瑞有些雀跃，暗下决心，今天无论如何不加班。离下班还有一个小时，上司打来电话问需求分析进展如何，齐瑞据实以告。上司沉吟片刻，说，年轻人要有工作热情，不是说都得跟陈文那么拼命，可也不能对自己降低要求。

放下电话，齐瑞气急，改了 MSN 的签名，“谁都别跟我提榜样”。

故事二丨谁才是那只笨鸟

我不喜欢成昕。确切地说，我不喜欢她的工作状态。她就坐我对面，一板之隔，朝夕相对，这让我非常痛苦，尤其看到她坚如磐石般的坐姿和一丝不苟的神情，我就会突地心口一紧，压抑已经成了条件反射。

成昕时刻提醒我，你对公司奉献有限，哪怕仅仅是在时间上。

加班加点永远是获得老板青睐的捷径。成昕从不迟到，没有因病因事请过假，如果说做到全勤不容易，那打卡器里八九点钟的下班记录就更能引起老板注意了。这般经营半年时间，成昕在老板心目中，已经是爱岗敬业的形象，以公司为家，勤奋刻苦，任劳任怨，不计得失，是不可多得的优秀员工。

印象一旦形成就难以改变。

为期一周的展会总算落下帷幕，订单拿了不少，收获颇丰。庆功会上，老板给了成昕三天假，因为小姑娘太辛苦了，三餐不继，都折腾出胃病了，得赶紧去医院看看。

成昕羞涩地摇头，嗫嚅着说，展会成功是大家一起努力的结果，我的胃病一点儿也不严重，休假会拖累项目进展，得空再去医院也来得及。老板大摇其头，一定要成昕明天就去医院，然后又是一番褒奖之词。

大家都缄口不语，偶尔眼神交汇，忽隐忽现地多了些意会难言传的东西。我看得懂，大家眉目之中流露出的是一股嫉妒不平的情绪。这次展会，从准备到结束，参与其中的人都牺牲了休息时间，都跟陀螺一样转个不停，都是三餐不继，老板厚此薄彼，恐怕是思维定势使然，但让我们寒心，谁都不会无怨无悔甘当垫脚石。

不过，毋庸置疑，成昕因此脱颖而出。成昕跟我，都是还在实习中的小字辈，作为新人，境遇相似——没有客户源，不熟悉工作流程，听从吩咐规规矩矩办事，短短半年，很难引人注目。我觉得，成昕做到了另辟蹊径，无论如何，老板都不会对一个拼命工作的员工有坏印象。我心里酸溜溜的，开始怀疑自己是不是错了。

记得高中时，我的同桌就像成昕一样，从早自习一直坐到晚自习，恨不得连上厕所的时间都省了；任何时候我小睡醒来，她都坐得笔直；课间打扫卫生，尘土飞扬，她也不会去操场，一定是守在教室门口，好第一时间回去继续看书。

这让我倍感压力，心理负担颇重，总想说服自己学习时间的长短跟好成绩没有必然联系，但有这么个学习狂人守着，我总怀疑自己不够用功，不敢轻易置之不理。迫不得已，我只能暗中较劲，强迫自己跟她一般作息，牺牲所有活动时间，但这种违背意愿的学习非常痛苦，我常常筋疲力尽。

这种生活以座位调整而结束，我终于迷途知返，秉承效率第一的原则，结束了打坐生涯。

因此，我对成昕苦行僧般的工作方式，颇不以为然，只有笨鸟才需要先飞，可飞得早不一定飞得快飞得好，工作跟学习一样，有了成绩才是硬道理。可是，对于刚刚从学校迈入职场的新人，老板做好了“新人无法迅速带来收益”的打算，但努力勤奋总没错，成昕的加班加点就是一种职场态度，一种老板喜欢的工作姿态。

也许，我这个垫脚石当得并不冤枉。

也许，我才是职场当中的那只笨鸟。

（凯文　倪岚）

专家点评

压力困惑源自内心冲突
自我负责培养成人心态

身边有个“工作狂”，成了勤奋刻苦、加班加点的模范，备受上司青睐，上司还把那人作为榜样希望大家学习，这样的处境，的确带给人压力感。细品一下，压力感背后，还藏着些有意思的东西。

让齐瑞们气结迷惑的处境，相当于目前环境所期望的工作方式，不是我想要的，甚至我认为不合理，可我不能去跟上司抗辩，这该怎么办？——内心向往与环境要求发生冲突，自己又拿不准何去何从时，愤怒茫然都容易滋生。显然，压力从来不是单纯来自外界，内在冲突带来的煎熬大得多了，尤其是还没能下定决心作取舍的时候。

在“加班加点被看作好员工必备条件”的环境里，倘若深思熟虑后下了决心——我要选择我看重的身体健康和工作、生活平衡，也愿意为此承担相应结果，不求迅速获得上司褒奖同事羡慕，只是踏实把工作做好，一步一个脚印地积累经验能力和工作业绩……“自反而缩，虽千万人吾往矣”，真这样做了，压力反而小得多。或者说我就豁出去了，眼下什么也不多想，完全按上司要求去做，图个心安……也可以博个眼前清静。当然，如果环境要求本身不近人情不合常理，那放下个人真实需求，只求完全顺应环境，后患会很大。

内心煎熬困惑气恼时，考验的是一个人如何作出选择和决定。对于已经发生的，可以抱怨，可以失望，然而，只停在这儿不够，抱怨、失望之后呢？要怎么办？你是决心充分了解自己、了解环境，在现有条件下尽力找到最好的平衡点，并承担自己的选择？还是无意中认定，别人应当对你的生活负全责，于是只是抱怨环境不公、上司脑残、某些同事太会钻营拍马屁？一直期望环境变得更理想，却并不做些什么来改善处境，争取自己想要的？

不如意的境遇会如何发展，受制于当事人的多种选择。最重要的选择之一，便是期待别人负责任还是决心自己面对和争取。面对现实承担责任，是在选择做自己的主人。期待别人对自己的生活负责，那相当于无意中在重现小孩子对父母的期望。能面对能承担能做自己的主人，可以在不断历练中越来越强大；总把自己当小孩子，埋怨别人照顾不周，这本身会削弱自身的力量，并越来越对他人对环境感到失望。

当人决定要面对和承担时，问题已经解决了一半，甚至一多半。决定要做自己的主人，还是希望别人来替自个儿当家做主，是大方向的选择。方向对了，其他方式方法问题，都相对简单。决心面对现实，可以让人心定，心定之后，对于鱼与熊掌不可兼得，其实不难弄清长远来说什么更重要。得到认可赞许，和保持自己的身心健康平衡、稳打稳扎往前走，孰重孰轻？是马上迎合外界要求，还是可以花一点时间了解自己的特点优势，也充分了解所在环境的游戏规则，寻找差异化定位，寻找更适合的用业绩说话的方式？人最终能走到哪里，看的是长期的积累，每一天、每一周、每一月、每一年一点一滴的长期积累。时间和注意力花在哪里，最终大家都会知道。不推诿责任、不一味抱怨他人也不盲目迎合环境，扎扎实实在自己身上下功夫的人，往往是走得最长久的。

决定了要做自己的主人，便容易越做越好。比如增加处事的灵活性。跟上司有不同意见时，绝不是只有忍气吞声或拂袖而去两条路。能否找到其他的路，找到合适的时机合适的方式，展现实力，争取自己想要的，这也需要花点儿心思。

做自己的主人，意味着要用好选择的权利。因为我们不断面临大大小小的选择，高考之前，是及早了解大学与相关专业信息，花时间知己知彼，仔细选报喜欢的专业，还是任凭家人代为决定，是一项选择。读书和工作期间，是否充分利用所有资源，充实自己，提升自主选择的能力，也是一项选择。遇到不如意时，等待、拖延、不去决定、任由事情往下发展，这本身仍是一种选择。即使有些选择是无意识的习惯反应，现实是，我们一样要生活在自己的各种选择所带来的生活现状里。明白自己想要什么，看重什么，善做选择并积极行动，会比懵懂无知沿着无意识惯性走下去好得多。

压力本身不可怕。感觉被强加了一个不合理的榜样，无非是形形色色的职场压力之一。能做自己的主人，不断在各种选择中提升做选择的能力，会发现，原来压力还可以用来帮我更加了解和提升自己！

（EAP心理顾问　谭洪岗）

实习同伴亦敌亦友

故事一丨我们没有可比性了

任明明到北京实习之前，就和俞佳联系了。俞佳是姑妈推荐给她的在北京读书的老乡，出发前几天，任明明每天都通过 QQ、手机和俞佳联系，两个人很快熟络，俞佳亲热地叫她“亲爱的”，任明明也回一句“亲爱的”。

终于来到北京，俞佳因为临时有事，没有来接她。安顿下来后，俞佳打来电话道歉，说第二天来看她，顺便带她逛逛。

第二天，任明明给俞佳打电话。让她郁闷的是，当俞佳听说自己的实习单位名称后，只回了她一句：“啊，你怎么也到公司来实习了？”就挂断了电话。任明明意识到，她成了俞佳的竞争对手，而那家节目制作公司是出了名的难进。

两人约在公司茶餐厅见面。俞佳漂亮而干练，任明明有点儿自卑，但说了几句话之后，任明明就发现自己和这个女生没有可比性，“不是她比我厉害多少，而是我们根本不是一路人。”

原来，在不到十分钟时间里，俞佳一直在强调自己跟公司的哪位领导关系好，哪个工作人员把她当妹妹看，任明明感受到言语之外强烈的驱逐之意，潜台词就是：“这是我的地盘，你识相的话，早点走。”

“我就是这种人，你要赶我走我还偏要做出个样子来。”陆陆续续又来了几位实习生,大家相处还算融洽,俞佳尤其跟其他实习生打得火热。任明明不明白，俞佳为什么对同乡的她那么排斥。

一个在任明明看来“极度倒霉”的白天之后，转机出现在当天晚上。

那天，本来一个外景老师答应当天带她出去采景，没想到被俞佳抢了先，老师只好向任明明道歉：“下次吧，下次一定带你去。”

任明明觉得自己真的是“背”，遇上了这么个“克星”。巧的是，另一位女老师急着找一份影像资料，其他实习生都出去了，只剩下在擦桌子的任明明。她接到任务后，马上赶往国家图书馆、首都图书馆，在一个半小时内赶回公司。当她把资料交上去的时候，她看到女老师眼里的惊奇和感谢。

结果却没用上，任明明正垂头丧气地准备收拾东西，俞佳和外景老师有说有笑地回来了，还说好一起去吃晚餐。

这时候，主任进来问谁有空帮忙送一份资料，一向积极的俞佳赶紧说我学校有点事，急着赶回去。主任的眼光投向了任明明，她听清楚注意事项后就打的过去了。

到了指定地点，接收文件的中年男子请她吃了顿饭，两人聊得很开心。让她没想到的是，这个中年男人竟然是来京视察的公司负责人。

第二天，她就被调到了另一档急需人才的新栏目，而俞佳依然在办公室里给主任泡茶，整理文件，做着“秘书”该干的活儿。

“我们没有可比性了，走的路不一样。”任明明不知道自己能否留下来，但是这段实习教会了她很多。

故事二丨我们只是对方的假想敌

清远到公司的时候，海东已经在公司实习了一段时间。实习也可以说是见习，因为只要不出意外，两人都能留下来。他们在不同的部门工作，原本没有什么联系，可能因为只有两个实习生，却总是被人放在一起谈论。

比如谁做事更勤快，谁泡茶更好喝，谁第一个来单位，无形之中，清远的到来给海东带来了很多压力。因为他是男生，不是很善言谈，清远却是一个可人的女生，公司男同事几乎都很喜欢她。清远和别人都很熟，唯独不和海东说话，原本内向的海东也没勇气和她说话。

一个奇怪的现象出现了，两人即使面对面吃饭，也互不抬头对视，走在路上都是远远看见，就低头“闪过”，基本当对方透明。只有一次，清远送一份文件给海东，他们才相互抿了抿嘴，算是打了招呼，然后快速交接了。

海东所在的技术部门几乎都是男同事，对新来的女实习生格外关注，几乎每天都要在办公室讨论一番，海东从不参与，却总是听到清远的消息。清远记得老大爱吃牛肉干，特意去买了送给他解馋；清远改过的文件，连标点符号都不会错；清远桌上总是备着一堆常用药，有人需要的时候就会主动奉上。

清远的细腻、善良，衬托着海东的粗心和鲁莽。海东下意识地改变自己，在把文件送给老大之前，一定再三修改；他开始默记每个同事喜欢喝的饮料；他的抽屉里永远放着一把雨伞，抽屉却从不上锁。同事们对海东的印象越来越好，觉得他不仅能力出众而且具备男生少有的耐心和细心。

有一天公司聚餐，他们坐在了一起，两人礼貌性地问好，海东鼓起勇气对她说："你知道吗？我们部门的同事每天都会说起你。"清远故意重复他的话："你知道吗？我们部门的同事也都每天说起你。"

清远说，部门的女同事经常说："今天第一个来公司的又是海东吧？""他好聪明啊，听说他开发的新软件，连老总都夸他做得好。"天天听着这样的表扬，她也开始改掉赖床的毛病，每天坚持尽早来上班，所以他们才会几次在公司门口碰上；她也想法子向前辈请教，争取尽早上手，她得到的表扬也越来越多。

"原来我们都把对方当成了假想敌啊！"奇怪的是，这次谈话并没有拉近他们的距离，他们继续用耳朵来倾听对方的动向。

故事三丨我们成了最好的朋友

"我在实习的时候，遇到了现在最好的朋友，真的太有缘了。"隆龙说起江伟的时候仿佛说到恋人一样，两眼闪光。

几个月前，隆龙来到她从未踏上的南方土地。一直找不到工作的她，只收到当地一家报社的实习通知。如果实习期间表现优秀便可以留下来，但具体留多少人，又有多少人在竞争，她无从知道。但这是一个机会，她知道必须得把握。

第二天去上班，来了几个实习生，除她之外，五六个实习生当中，只有一个女生。她们便顺理成章地被公司安排进了同一个宿舍。

“说实话，当初我对她没有任何印象，甚至连她的名字都不想问。”倒是那个女生主动来问她的名字，两个有着男生名字的女生住在一起，都感觉挺有缘的。

接下来一问，更加让两人惊奇。“我是 ×× 师范大学的，你呢？”

“不会吧？我就是 ×× 大学的。”这回轮到隆龙惊奇了，她们俩的学校就紧挨在一起！在异地遇到来自同一个城市的老乡，隆龙觉得如同见到了亲人。

因为比江伟早来一天，第二天一早隆龙就带她去报社旁边的早餐店吃白米粥。瘦瘦小小的隆龙走在前面，高高的江伟走在后面，如同一个小尾巴。忽然隆龙觉得自己肩膀一轻，抬头看到小尾巴灿烂的笑脸，“你的笔记本太重了，我帮你背吧，不然你会更矮的。”隆龙气得想打她，心里却头一回感受到这个城市带给她的暖意。

有一天晚上，隆龙赶稿子，一直忙到九点多，本来有点害怕一个人回宿舍。没想到，一出采访部的门，就看到坐在门外沙发上玩手机的小尾巴。小尾巴主动接过她沉沉的笔记本，俩人踏着灯光一起回家。“对，就是家，有朋友就有家的感觉。”隆龙说。

回去的路上，说起大学经历，她们竟然发现俩人去过同一个地方做生态考察，只不过隆龙是大一去的，小尾巴过一年后才去。“我们是不是很有缘分？怎么没有早一点认识呢？”小尾巴问，隆龙说了一句让她觉得很肉麻却一直记在心里的话：“也许我们擦肩而过一百遍了，所以老天安排我们在这个城市，同一个时间来实习。”

因为和小尾巴的友谊，隆龙发现其他的实习生也变得越来越可爱，乐于分享食物的钟平，书生气却很爱吃馒头的刘毅一，喜欢说笑话的大虎…… 他们建了一个 QQ 群，就算有人被不幸淘汰，他们也会保持联系，“能够在一起实习，本身就很有缘分。”

（蔺桃）

专家点评

调整思维适应外部变化
端正态度把握发展机会

近年来，就业竞争日趋加剧，即将毕业的大学生面临更加严峻的职场考验。

毕业实习是大学生展示“才华”的重要机会，要突出自己，就可能会影响他人，因此，实习生之间的竞争就成为必然。

不过，实习生采用的竞争方式不同，结果会有很多差异。案例中，俞佳过分看重人际关系，就不如任明明踏踏实实地工作；清远和海东的“冷战”思维，让他们彼此心理紧张；隆龙和江伟的开放态度，实习单位成为她们结识朋友的平台。

同为实习生，为什么他们的行为表现出如此大的差异呢？其原因可以从多个方面进行分析，最主要的是其个人综合素质的差异。

先说说心理素质。心理素质是人所有心理特征的综合，其核心是思维方式。健康合理的思维方式能够让人适应外部社会的变化，并通过调整自己的行为来解决问题，实现个人工作和生活质量的提升。而不健康的思维方式，通常是一种僵化的思维，过分强调外部环境的控制，对工作和生活的品质产生不利影响。

案例中，任明明之所以最后能够获得机会，与其能够进行自我调整有关，不在意一时一事的得失，适应了单位的要求；隆龙起初也没有想到能够与一起实习的同学成为朋友，只是在实习过程中，别人的处世方式让她反思自己的行为，从而获得了很好的结识朋友的机会。然而，清远和海东之所以出现“冷战”，是因为他们夸大了别人对自己的影响，过于关注对方的表现，这样就导致个人生活乐趣减少，工作压力变得更加沉重。

再说说职业素质。职业素质是职场对个体综合条件的要求，其核心是职业态度和职业能力。职业能力是完成某项工作任务，必须具备的工作技能，这是单位选人的基本要素；而职业态度是个人对从事某项工作的看法，直接影响到其完成工作质量的好坏，是单位选拔人才的关键要素。对于大学生来讲，既然能够进入某家单位实习，职业能力是已经筛选过的，他们之间能力差异也很小，因此，职业态度对个人的发展就会产生至关重要的影响，尤其是发展机会方面。

与俞佳相比，任明明的个人环境条件显然不利，她之所以能够更早获得机会，关键是其对职业的态度，特别是通过个人努力获取成功的价值观，让她能够在关键时刻把握机会。俞佳在实习单位的人际关系好，会给她提供很多的发展机会，但是，只是一个小小疏忽，让她与机会擦肩而过。假如她事先知道，要给领导送文件，她会把任务让给任明明吗？这可能就是机会吧，每个人都要等待，这需要良好的职业素质。

为了更好地完成实习目标，能够真正通过实习积累专业经验，提升自身素质，实习生要做好以下几点：

第一，树立正确的实习观念。实习是大学教育的一个重要组成部分，是将所学专业知识进行实践检验，进一步完善所学专业知识技能的有效手段。大学生要重视实习阶段，但是不能过分夸大实习与个人成功的关联，要把实习看成了解职业文化、提升自身素质、认识和适应社会要求的过程。在实习过程中，通过实习展示个人素质，获取用人单位青睐。这样的观念，能够让实习生放下心理包袱，充分发挥个人潜能，完善专业素质，以达成实习目标。

第二，培养个人的职业素养。实习过程是大学生从学校进入职场的过渡阶段，是从学生身份向职业人身份的转换阶段，是从单纯知识学习向实际知识应用的转化阶段。学生在校完成课程学习的素质要求，远远低于职业人适应职场发展的素质条件，因此，在实习过程中，大学生要根据职场要求，继续学习各项知识和技能，培养个人的职业素养，顺利完成从好学生向好职员的转变。这一转变是每个期待步入职场的人都要完成的，其速度的快慢会直接影响个人的职业发展。

第三，锻炼个人的心理素质。良好的心理素质是个人职业成功的关键，因此不要回避工作过程中遇到的问题，而是要把解决问题作为锻炼心理素质的机会，不断积累处理工作和生活问题的经验，以越来越成熟的方式面对工作和生活的困难，不断提升自身心理素质，为个人的职业成功奠定坚实基础。

（北京信息科技大学　廉串德）

实习备忘录

1. 在入职之前要盘点自己过往的价值观、思维模式和行为习惯，看看是否存在什么缺陷，是否适合职场对职业人的要求，如果发现差距就一定要花大力气进行改善。
2. “蘑菇期”生存法则：认真对待工作，加速适应社会，避免沾沾自喜，学会持之以恒。
3. 实习生要树立正确的实习观念，培养个人的职业素养，锻炼个人的心理素质，才能在实习中胜出。
4. 明白自己想要什么，看重什么，善做选择并积极行动，会比懵懂无知沿着无意识惯性走下去好得多。
5. 对新人而言，更有建设性的做法是：尽快获取资历，缩短被看作一个“新人”的阶段。

3 他凭什么对我指手画脚

守护职场中的人际边界不仅不会成为人际关系的绊脚石，反而会促使其向好的方向发展：既可以表达自己的感受和意见，也会尊重别人的感受，接纳别人的意见；既可以和别人很亲密，同时也拥有自我感和与别人分开的自由；既可以适当地说“不”，不怕因此失去对方的关系和爱，也可以接受别人适度的拒绝，不会因此在感情上内遁或畏缩起来。

别太把上司的推心置腹当回事

故事一 | 我太把自己当回事了

如果你的领导突然间言辞恳切地跟你掏心挖肺，我不知道你会怎么样，但我就一个感觉：毛骨悚然。

我的上司一反常态，以大姐的身份过来人的口吻，跟我探讨人生，准确地说是女人的二次生命。

女人不容易，得有事业，还得照顾家庭，所以选老公很重要，选错人，就会走错路，纠正错误不得不浪费生命。这话是我的上司说的，她盯着我的眼睛，嘴角勾起，显然是非常满意我此刻丰富的面部表情，震惊，有点不知所措的扭捏，我的脸瞬间就热了，肯定还红了。

我还待字闺中，正在努力脱“单”，可我不认为这是可以和上司在办公室讨论的话题，更何况，我们缺少这般对话的语境和由头。但是，我的上司摆出了不吐不快的架势，讲了她的初恋，讲了自己在感情的道路上怎么迷途知返，讲了她的现任老公如何优秀。

这样的谈话很莫名其妙，我不知道她为什么突然跟我说这些，貌似，这是熟识的朋友间才能分享的秘密。

而她却是我的上司，一位打扮入时的中年女子，BOBO头，雪地靴，款式乖张、色彩艳丽的奇装异服常让她在这个中规中矩的事业单位备受关注。午休时间，同事间闲聊八卦的话题常常由此展开，哎，你们头儿今天穿的什么呀，她就不觉得自己怪吗？

她不会，我会，在她手下实习，于我，是一种折磨。

她会在所有人都落座以后，施施然走进会议室，拉把椅子，坐在最显眼的地方；或者，在年终的总结会上，化着比平常更精致浓艳的妆，走上主席台，侃侃而谈，全然无视台下交头接耳意味深长的眉目交流。她是有意如此还是无心为之，不得而知，但在大家眼里，她就是一个特立独行的女强人，不放弃一切机会彰显个性，哪怕是一双鞋，她也要告诉你，它来历非凡，或者，价格不俗。所以，千万别小看了她身上任何一个小配件，它们跟我们这些芸芸众生身上同类物品相去甚远，可以说是云泥之别。

我受不了这个，所以，我跟上司之间一直有距离，基本不谈私事，她的事我不感兴趣，我的事也不劳她费心。可这次，她怎么了？

从办公室出来，我百思不得其解。如果一个人愿意跟你分享不为外人道的东西，是不是说明你对他来说不是路人甲？想到这儿，我暗自雀跃，虽然，这位中年女子的行事风格与我大相径庭，但被上司另眼相看总是好事，求同存异嘛，没想到，我跟上司的关系竟然通过这种方式更进一步。

不过，几天之后的午休八卦会上，铁一般的事实当头给了我一记闷棍，我真是太把自己当回事儿了。

我不喜欢受人瞩目，可是，摊上这么一位上司，我就身不由己地成了风暴中心里的一个小漩涡。大家议论她，一定会来问我，这是闲聊八卦的魅力所在，谁也不会找当事人求证，但都喜欢纠缠他们身边的人，要的就是似是而非的揣测臆想的空间。

那天不知怎么又扯到了女上司。“听说，你们头儿选老公独具慧眼呀！”不等我斟酌，不待我应付，这几个人已经七嘴八舌争先恐后地勾勒出了我上司的恋情脉络图，从初恋到婚姻，与那天她跟我推心置腹的畅谈内容有过之而无不及。

顿时，我心下暗惊，敢情，那天只是闲聊，谈的还是过时的公共新闻！

教训很深刻，绝不能把领导的推心置腹当回事。

故事二丨难道我会错意了

接连好几天，尹文都遏制不住地兴奋，因为，张总留下他谈心了。

他们谈的是尹文的未来，确切地说，是尹文日后在公司的成长前景。这让尹文受宠若惊，对一个没有背景如浮萍般混迹在国企里的实习工程师而言，上司的突然垂青，就是时来运转的信号灯，总算守得云开见月明了。

进公司实习伊始，尹文就明白了一件事，在国企混，一定得站好队，背靠大树才好乘凉。可是，天不遂人愿，尹文飘飘荡荡地混了快一年了，手里的业务随着公司结构调整一变再变，顶头上司也一换再换，那个尹文想象中能不遗余力罩着他的人一直都没出现。

张总说，小伙子干得不错，他心里非常有数。尹文手里的业务将是公司下一步发展的重点，好好干，前景非常不错。为了增强这番话的说服力，张总特意压低声音，似勉励似劝诫，小李太浮躁，沉不住气钻研业务；陈锐太死板，难堪大用。言下之意，他对尹文取两者所长寄予了厚望。

走出办公室的时候，尹文觉得轻飘飘地，找不着北，着不了地。小李和陈锐一直是张总的左膀右臂，与领导的关系，远非尹文能比。在此次两人小会之前，尹文从没有过取而代之的不轨之心，这是个讲资历的地方，他来得晚，没有过人之处，一跃而上是想都不敢想的事。

现在，一些往日里不切实际的念想儿正在膨胀发酵，即使回过神来，这美丽的泡泡“嘭”地一声碎了，尹文也不觉得懊恼，张总的这番推心置腹就是他希望的支点。

接下来的日子，尹文干得风生水起，就像刚刚大修过的发动机，急切地寻找一切机会证明自己的驱动力。以前一推六二五的破事，现在也咬牙干了，一屋不扫难扫天下；加班，甘之如饴，没有付出何谈回报；市场部的事，尹文也操上了心，张总说了不能学陈锐。

尹文觉得自己的职场状态焕然一新，积极向上，不计得失，甚至有了点无私奉献的味道。他对此感到满意，愈发踌躇满志起来，而未来似乎越来越美好，到底怎么好，尹文看不清楚，但他底气十足，笃定前方必然五彩斑斓，精彩纷呈，只需要再往前轻轻迈一步，那美好就能收入囊中。这是尹文奋斗的动力，他开始规划张总交待给他牵头的那个小项目，尹文认为，这个项目将是他向前迈步的助推器，重要无比。

张总交待得不复杂，无非是要尹文把原来分散在两处的业务重新整合在一起，带两个人专门做这一块。尹文也没想得太复杂，领导都交待了，拿着鸡毛当令箭的活儿，张罗起来能难到哪里去?

业务切割不难，难的是这两人的资历都比尹文老。张总的交待并不是公开进行的，尹文以此为由，指挥两位老同志干活，力度显然不够，有点名不正言不顺，起码，人家是一副爱搭不理的态度，犹豫，勉为其难，磨磨唧唧，反正就是不痛快。

尹文受伤了，觉得憋屈，吃了人家不软不硬的钉子不说，还被迎头泼了一盆凉水。尹文想了想，项目还得做，张总等着看自己的成绩呢，机会来得太不容易，千万不能落个出师未捷身先死的下场。

尹文想到了张总，可是，什么都还没干呢，就跑到上司那里一通抱怨，会不会给他留下坏印象？考虑来考虑去，尹文决定守株待兔，等张总过问的时候，自己再顺势把这个情况说明白，好歹，他得在公开场合交待一下，以后自己才好办事。

打定了主意，尹文开始等，可这一等就是两个月。开始，尹文满怀期待，每每看到张总，都眼波流转，恨不得眼睛会说话。张总却好像忘了这么回事，只字不提。尹文想，张总可能不好意思催他，可是时间拖得越久，尹文越没底气，越发困惑不解，郁闷难当，他甚至怀疑自己当初是不是听错了，张总压根就没交待过这事?

如今，尹文觉得自己更没立场去找张总了，冲进去的话都不知从何说起，搞不好就是自取其辱。但是，他理不顺自己的那口气，当初，那番推心置腹到底是什么意思？难道，一直是自己会错了意?

（倪岚　凯文）

专家点评

远近亲疏隐藏双方期待
退出游戏避免关系物化

常常两个在社交距离谈话的人，其中一个说了自己的一件秘密，另一位如交换般也讲出自己一段心里话，于是两人间的距离就缩短为密友。然而，如果先说的那位是自己领导的话，事情可能就会变得比较微妙了。

换一个立场，如果从人而不是朋友的角度理解，自己的领导，即使不是朋友，也是人。那么，领导的推心置腹可能就不让人觉得那么可怕了。

有时候，领导会有表现自己的欲望，只要下属足够关注他就好。比如“故事一”中的领导表现欲就很强，向下属透露自己的恋情无非是需要在一个员工前多展现一下自己。这样的领导通常工作中的朋友远多于生活中的朋友，和下属的关系比较融洽，希望下属可以认真倾听并适当支招；领导还可能有被认可的欲望，需要员工多说他好话，俗称拍马屁；还有些领导，他们领导艺术高超，没领教过其领导技艺的，根本搞不清他的意图，尹文遇到的就是这类领导，不过这对尹文至少算是一种学习。

我在这里列举的只是芸芸领导中的几例现象而已，请不要把自己的领导一一往上安。每个人遇到的领导可能不同，但同样都是人，所以，你的领导独特的行为模式一定代表了他的心理需求。例如，爱表现的领导和爱听好话的领导通常内心对自己不够肯定或者内在的安全感不高，于是他们向外放出美丽的诱饵，当你看到这个诱饵并对它产生期望时，便会咬上去，结果自己受到伤害，其实施饵者也未必获得好处，因为最终他们得到的并不是称赞，而是负面的评价。

这样的心理游戏不仅存在于领导和下属之间，常常在人际交往中普遍存在，当人们不觉察时，莫名其妙就成了受害人和被害人。但是只要其中一方有觉察，退出游戏，双方都可能用更有建设性的行为模式来互相沟通。拿故事中的两位来说，他们的领导放出的诱饵是“和领导建立相对亲密关系的可能性”，这正钩住了他们的期待：和领导有比其他同事近一点的关系，意味着自己比较受赏识，甚至是大有前途。

领导与下属的关系，既是人与人之间的关系，同时也是上下级之间的关系，所以领导有时会亲切和蔼，但可能突然又冷面无情。每个领导都要尝试去处理这种双重关系，一方面是人在社会中的人际关系的需要，另一方面则是商业、政治、制度等等意义上的关系。从这个角度，员工大概可以理解为什么领导有时显得捉摸不定。

作为下属来说，同样面临以上两个层面的关系，即使有的人并不在乎是否和领导在人与人关系层面上的发展，但是在上下级关系中，和领导的关系就可能和绩效、升迁等有关，所以员工看待与领导的关系常会带着不自觉的期待，在这个期待背后，是将领导物化为升迁的法宝，而当这个领导内在的自我肯定不够时，也很乐意被当做这样的法宝。这样的关系造成领导与员工之间人与人之间的关系丢失，但实际上这对双方来说都是需要，且可以滋养着工作关系。

如果我们理智地审视，就会发现，尽管很多时候，和领导关系好可以“未来发展得顺风顺水”，但毕竟和领导关系的好坏不能完全代表个人职业发展的情况，所以尤其像尹文这样的员工要考虑清楚，是否自己是最好的那棵大树？当自己成为最可靠的大树时，再去看待领导放出的诱饵就不会那么轻易地凑上前去，这时才最容易把领导当成人来看，理解他们的行为模式，甚至是内心的不易。此时，你即使选择去靠近，对象也不会再是那个诱饵，而是背后那个真正的人。当然，你也可以选择“表面应付，内心置之不理”，我想这全看你想要和领导在人与人层面上要处什么样的关系了。

但无论如何，员工和领导都可以回复到人的角色，我想这样的关系一定比把人物化后的关系要温暖很多。

（全球职业规划师　杨开）

电梯里的尴尬相遇

故事一丨不到半分钟的相遇让他头疼一年

坐电梯从一楼到八楼，这不到半分钟的时间，却让李欣整整头疼了一年。

“病根”发生在他刚进公司实习的时候。一天下午，李欣接了个电话，说是客户那边出了些状况，要他飞速赶到。这可是李欣的第一单生意啊！放下电话，他火急火燎地把一堆文件塞进公文包，拽过风衣，一路小跑冲到了电梯口，按住了向下的按钮。

“8”，显示屏上的这个数字跳了两下，电梯门开了。李欣走进去，一抬头，吓了一跳：“赵……赵总好。”在公司，赵总可是绝对的“一把手”，说一不二。而且，他还经常作为优秀企业家的代表，出没于各种电视访谈节目，几乎成了公司的形象代言人。

电梯门一关，在这个不到两平方米的局促空间里，就剩下李欣和赵总两个人了。

“你好。”赵总微笑着朝李欣点了点头。

一来一往之后，又轮到李欣开口说话了。可是，该说点儿什么呢？他心里默默盘算：说“您这是上哪儿去啊”好像不太合适，领导的行踪关我什么事；夸夸“您今天显得特别精神”貌似也有点儿过了，人家领导八成都不知道我是谁呢，套什么近乎……

无数个念头在脑子里闪过并且被迅速否决，李欣忍不住责怪自己“内存太小”，脑力不够。“7，6，5……”他默念着屏幕上显示的楼层数，拼命地想着对策。

空气中充满了紧张与尴尬。

鬼使神差地，李欣突然冒出一句：“您这是出去呀？”

“嗯。”赵总还是这么惜字如金。

李欣简直快要崩溃了——又轮到他说话了，怎么办啊？！

盯着不断下降的数字，保持微笑，这是李欣当时唯一能做到的。“3，2……”终于忍到“1”了，他仿佛得到特赦令一般，一下子松了口气。“赵总，那我先走了。”直到现在，李欣都搞不清当时这句话到底说得恰当不恰当，反正直觉告诉他，要走了，得跟领导打个招呼。说完这句话，他慌忙向外冲去。

万万没想到的是，电梯门的反应远没有李欣的动作快，“咣当”一下，他撞在了门上。“噢，赵总，对不起。”这话一说出口，李欣就恨不得给自己一巴掌，“这都哪儿跟哪儿啊？！”

“没关系，没关系。”赵总也没反应过来，只是下意识地使用了“对不起”和“没关系”这个固定搭配。

电梯门开了，李欣逃命似的冲出公司大门，一头扎进路旁的出租车里。从此之后的一年，这个段子在公司广为流传，而李欣呢，却再也没走进过写字楼的电梯间。

故事二丨坐电梯还是爬楼梯要视情况而定

苏晓实习的办公室在四楼，对她来说，坐不坐电梯要“视情况而定”。

她要视的这个“情况”，就是尽量避免在电梯里遇见不熟悉的同事。

每次走到公司一层大厅的时候，苏晓的神经就高度紧张起来，眼睛也格外忙碌：先要看看电梯口有没有人——如果没人，她就会走过去搭电梯上四楼；要是有人，则需要判断一下这个人跟自己是否足够熟悉——熟悉的话，凑过去一起坐电梯上楼，如果仅仅是点头之交，那她宁可自己去爬楼梯。

当然了，在整个的观察和判断过程中，仅仅注意到电梯口是不够的，还要留神“外围”。有时候明明没人，可等电梯的工夫没准儿就冷不丁走过来一个，不认识的还好，怕就怕那种知道应该说话但又不知道说什么的，更难受。每当这种时候，苏晓总是在打过招呼之后借口落了东西在车里，转身离开。

下楼的“情况”也一样需要判断。但有所不同的是，上楼要注意观察电梯外面的人员情况，而下楼则要根据楼层显示屏上的数字来分析电梯里的情况，难度更大。

在苏晓的公司，核心领导都在顶层办公。每每见到电梯升至顶层才开始往下走，那一定是有大领导要出门了。如果赶上这种情况，苏晓和她的同事们总是很默契地相互对视一下，然后不约而同地提议“走楼梯”。

“挺累的，”苏晓直言不讳，“但总比关在电梯里没话找话强吧。”为了印证自己的观点，她还找来了理论依据：“你知道人际距离的说法吗？45 厘米之内的是亲密距离，46 到 76 厘米叫个人距离，是熟人和朋友在交往中比较合适的距离，如果不够熟悉，起码要相距 1.2 米才不会感觉不舒服。”

“我特有体会，就算是平时很说得来的朋友，一起进了电梯间，也经常会觉得很别扭，不知道说什么。”苏晓说，“所以呀，不光是为了躲领导。电梯这么个密闭的空间，又那么狭促，跟个不熟悉的人待在一起，多尴尬呀。”

故事三 | 实在不行就掏出手机假装发短信

刚来公司实习的时候，小婕也有“电梯恐惧”。

那次，小婕在电梯里跟一个 40 多岁的中年男人狭路相逢。“看样子，这家伙肯定不是一般人。”她心里这么想，但又实在不认识眼前这个人，就只好点头微笑说：“您好。”

中年男子倒是相当和蔼：“个儿真高，你有一米七吧？”

“嗯，呵呵。”小婕挺高兴。

“新来的？哪个部门？”中年男子很善于聊天。

“对，我今年刚毕业，在公关部。”

“哦，老庞的部下！”他顿了顿，“哪个学校的？”

小婕报出了自己的母校，顺便把专业也说了。中年男子频频点头：

“不错嘛，好学校。噢，你们系主任是我哥们儿呢。”

“是吗？！”小婕感叹了一句，之后忽然发现一直是对方在提问。她觉得出于礼貌，自己也该主动提问：“您是？”

“我叫周榕。”

“哦……”得到这个回答之后，小婕不知道该怎么继续了。

电梯还在继续上升，可气氛突然间冷了下来。小婕看着眼前这个人，急得干瞪眼，就是找不出话题。好在熬了没一会儿，电梯门开了。

进了办公室，小婕马上问坐在旁边的同事：“咱公司有个叫周榕的人，刚才跟我一个电梯上来的，他是干吗的呀？”

“天哪，他可是咱公司的‘牛人’！”同事大惊，“你连他都不认识？咱们这儿一多半的客户，都是冲着他来的。”

小婕有些后怕：幸亏没说什么不该说的。不过，“周强人”报出名号之后，自己居然没反应，人家肯定觉得特没面子。还有，那段冷场，简直太尴尬了。

在那之后，小婕一度特别不愿意坐电梯，但公司楼层实在太高了，21层，要是每天上班爬楼梯，估计还没开始工作就累趴下了。

小婕向一些朋友抱怨，他们建议她主动出击——做做功课。首先是认人，尤其是公司里的关键人物，见到脸就得对应出名字、部门和职务，准确率必须100%；第二，也是最关键的，就是要准备一些家长里短的开放式话题，以备不时之需，比如，“今天天气真好/真热/真阴/真冷啊！”“我来的时候特堵车，您呢？”“你怎么瘦/胖了？”“今天衣服真漂亮！”等等。

实践了一段时间，小婕果然已经不像当初那么恐惧坐电梯了。“现在比那时候好多了。硬着头皮逼自己没话找话，习惯之后就不觉得太难受了。”小婕眨眨眼，“实在不行了，就掏出手机假装发短信呗。”

（米芜）

专家点评

狭小密闭带来身心窘迫
礼貌尊重化解交往困惑

在职场的电梯间遭遇尴尬，确实是一个比较常见的现象。

电梯间是一个狭小、密闭的场所，狭小意味着里面的人距离很近——用苏晓提到的人际距离理论来说，小于社交距离的范围；而密闭，则意味着失去了避开的可能性，只能表现出人际交往的行为。这两个特点合在一起，就把电梯这个代步工具变成了一个人际交往空间。

如果一起乘电梯的人非常熟悉或者完全陌生，都没有什么可尴尬的，因为前者的交往已经很自然，不需要额外的努力；而后者完全没有人际交往的基础，不做什么也很正常。

可是，如果同乘一部电梯的恰恰是公司里不怎么熟悉的同事，甚至是职级相隔甚远的高层领导，“明知道该说话，却又不知道说什么”的情况就产生了。不说话，尴尬；没话找话说，尴尬；找了话对方没回应，更尴尬。

电梯间里的尴尬气压往往会随着电梯门的打开而化解，因此对于很多人来说，尴尬本身并不成为问题。但是不同的人要求的人际距离不同，换句话说，愿意容忍他人靠近的最小距离不同，对电梯尴尬的耐受程度也不同。

比如苏晓和小婕相比，明显苏晓更不能忍耐电梯尴尬：小婕会在电梯中对陌生人说“您好”，而苏晓，即使是跟平时聊得来的朋友一起，进了电梯也会“觉得别扭”。因此要根据个人情况选择适合自己的策略，如果不能或不愿意忍受电梯尴尬，情况允许（比如楼层不高）的话，像苏晓那样先观察，然后见机行事的方法是一个不错的选择。

但电梯给职场中人带来的困扰并不仅仅是那十数秒钟可能的尴尬，还有一个深层的担心：大家在电梯之外的职场中还会有交集，自己在电梯中的言行不慎可能给对方留下不好的印象，进而影响到日后的人际关系和工作。这种担心在撞见高层领导时最为明显，因为可能的后果最严重。所以李欣才会过度关注自己的言辞，甚至紧张到语无伦次行为失措。

但事实是否如此，这是个值得思考的问题。电梯时间毕竟非常短，一般也就十几秒，多的也就三四十秒。这么短的时间内，除非极端情况，否则很难给领导留下一个深刻的印象，不管是好的还是坏的。而且，人际印象的形成往往是在旧有印象的基础上叠加而成的，电梯中某一次接触很难具有决定性的效果。

即使在极端情况下，就像李欣这样，在领导对自己的第一印象中就表现得比较失败，但充其量也就是给领导留下了一个处理人际关系不成熟、欠稳重的印象，这对新人来说是可以接受的。更重要的是，在公司中擅长处理人际关系虽然重要，但领导更为关注的还是工作表现。李欣完全有机会用业绩来证明自己，同时努力在人际上成熟起来，修正领导同事对自己的印象，而不必一直萎靡下去，再也不敢踏足电梯。因此，在电梯中没有表现好也不必过分紧张，总会有修正的机会。放下这个包袱，在电梯里遇见领导时才能自然起来。

当然，我们期望的还是不要出状况，能够比较顺利地给电梯中的他人一个好的、或者至少是不坏的印象。其实不管遇见的是高层领导还是普通同事，应对的规则都一样，最基本的就是礼貌和尊重。有了这两点，再加上保持微笑，基本就能做到不过不失。

要想更进一步，就要学习小婕，做做功课。准确了解公司关键人物的基本情况，准备一些家长里短的开放式话题，尽量保证不管碰见什么人，在电梯中都有话可说。此外，电梯礼仪的了解和遵循也非常重要。比如，有没有等待正快速赶过来的人，有没有主动帮助不便按楼层的人，出电梯的时候是否礼让女士或上级等等。好印象不仅是说出来的，更加是做出来的。电梯内外都是如此。

其实，还可以走得更远一点。职场电梯是困扰，是挑战，同时也是机会。电梯是一个很自然的接触领导并且让领导记住自己的机会。职场中要想近距离接触和自己相距甚远的领导，除了电梯这个途径，几乎没有别的机会了。因此平时可以多做功课，充分准备，以便抓住甚至创造机会。

另外，电梯也是一个自然的化解同事间原有尴尬误会的机会。职场中大家都有一层角色的壳，有时明明想解释，也没有合适的时机。电梯恰恰提供了这样的场所和机会。处理得好，误会化解不说，还可能让关系更进一步。不过，这些取巧的手段都只是锦上添花之举，不能过度依赖。

毕竟，职场的机会更多还得在职场中找，职场的人际关系重点也还得在职场里营造，而合理应对电梯时间，把握电梯机会决定性的步骤和功夫，也都在电梯之外。

（华南理工大学就业指导中心　刘洁）

如果身边有个“操心帝”

故事一丨坚强后盾突然掉了链子

尤佳就有一位“操心帝”同事，人称“马大姐”，因为大家都觉得她像居委会大妈，事事操心。尤佳大学毕业后进了这家技术单位，从实习期开始跟的就是马大姐。虽然没有直接的上下级关系，但马大姐差不多像她的半个领导。尤佳自己也比较喜欢“被管理”，“我是个马大哈，惰性又强，幸好有马大姐这样细心的同事在身边。”

每个月的送检设备名单，马大姐会在月初发给尤佳。日常的质量管理内容，马大姐会一项项地跟尤佳核对是否完成。即便是职场新人阶段，尤佳也几乎没为工作上的事情操心过，因为她有个最佳后卫马大姐。

进单位不久，马大姐就时不时地跟尤佳唠叨，提醒她记得写论文、报科研项目。“小尤，项目要提前一年报的，你赶紧准备啊。”“小尤，你报的项目通过技术委员会审核了，要加快调研啊。”“小尤，你的项目做得怎样了，要在两年内完成呀。”尤佳年轻贪玩，这些唠叨难免不放在心上，甚至觉得马大姐太“鸡婆”（多管闲事）。马大姐见她没动静，倒着急了，有时还找领导来帮忙施压，“小尤，主任昨天又问你论文的进展了。这些东西评职称的时候都需要，临时抱佛脚可来不及啊。”

真正让尤佳感激马大姐的操心，是评高工的时候。那年秋天，尤佳申请了长假去欧洲玩。工作了那么多年她都没有好好休假过，这 20 多天玩得乐不思蜀。回来上班的第一天，马大姐就抓住她抱怨：“你今年可以评高工（高级工程师）了，怎么不早点儿回来准备申请材料？截止期马上就到了。”

尤佳赶紧屁颠屁颠地去问人事处各种申请事宜。结果不到一周，她就把各种材料准备好了。尤佳这时才发现，因为马大姐这个“操心帝”，她这几年陆续做过科研项目，发表了论文，通过了职称考试。“所有准备工作都已经妥妥搞定。要不是马大姐一直盯着，我这么懒散的人，可能拖到现在都不一定能评得上吧。”

唯一一次出娄子，是在去年。因为单位搬迁，下半年的送检单在 8 月份一次性发放。当时大家手上都一堆事儿。马大姐自顾不暇，自然也没像以往那样处处盯着尤佳。结果快年末时一核计，尤佳发生了严重的疏漏，到期未送检的仪器超过 10 件，不仅被领导狠批，还在忙得团团转的时候没日没夜地做了很久的补救工作。

尤佳终于认识到“操心帝”同事的弊端。这些年她太依赖马大姐了，这种依赖甚至加剧了她的惰性。一旦马大姐这个环节“掉链子”，直接就导致她在工作上混乱一片。后来领导找尤佳谈话也给她敲了警钟：如果马大姐调走了或者退休了，你怎么办？

除了担忧，领导还颇为惋惜。“尤佳，你学历高，业务能力也不错，但为什么这么多年都上不去？你觉得你这个工作状态能管理好自己、管理好别人吗？”

尤佳一直以为“操心帝”是她的坚强后盾，没想到，其实也是她的职场绊脚石。

故事二丨你只是一个命令的执行者

在王力看来，“操心帝”领导将直接影响企业文化和企业发展。

王力在一家民营企业实习，老板是创业者，重视结果但更关注过程。“那是名副其实的‘操心帝’呀，每一个细微之处都不放过。整个过程充斥着不断的汇报、联络、讨论。”王力感慨。他经历了相当长的磨合期，但到现在依旧不认同“操心帝”的很多做法。

印象最深刻的是到公司一段时间渐渐熟悉业务的时候，来了一个比较紧急的项目，王力想趁机展示实力，立马就根据已有的工作经验，安排项目组并制定了计划。按照他的设想，时间虽紧，但项目仍可以在一周内搞定。一切妥当之后，王力喜滋滋地找老板汇报计划内容。结果口头报告刚结束，预期的赞赏没有收到，王力反而被老板连珠炮似的一连串质问：你安排计划的时候为什么不通知我？你的计划有仔细推敲过吗？每个环节都会出现哪些问题？相应的对策是什么？

王力懵了一下，正准备一一回答时，老板不客气地打断他，挥挥手说：“回去把所有设想全部写成报告，然后大家开会一起讨论。”王力只好回去花了半天时间，写好一份详细的报告，再跟老板约时间开会。

这会一开，王力又差点儿崩溃。老板对细节的要求近乎完美，甚至是某些大家根本预想不到的低概率事件也会一并考虑进去。比如当时项目组里有个工程师，他老婆怀孕还有两个月才到预产期。王力知晓这个情况，也在人手上做了预备。但到了老板这里，光为这件小事就讨论了快 1 个小时：这个工程师能否保证加班？万一预产期提前，后续工作谁来跟进？后续跟进的人员经验是否足够？对项目是否完全了解？是否需要提前参与？

讨论、修改，反复若干次后老板终于满意了。原计划一周完成的项目，此时已过去 3 天。但不管如何，总算是拍板开始干了，那就赶紧执行吧。可在执行过程中，王力又几度被“操心帝”老板烦到崩溃。老板要求每天汇报工作进展，这样每天项目组都要花费近半的时间和人力来陪老板研究报告。而在研究期间，老板还不时加入些新的想法和要求，每一个新变动，大家又要重新讨论研究。如此反复，最后项目总算是完成了，但整体时间比预期的整整多了三个星期。

王力时常觉得老板并不太需要他，“没有自主权，你所有的想法都要被反复论证才能批准。更多时候，他包办一切，你只是一个命令的执行者而已。”王力已经因为老板的过度“操心”而多次与其产生争执。

“公司高层需要操心的是发展大方向，如果过于着眼琐碎小事，管得太细，员工工作的变通性太少，创新能力会被扼杀。”王力甚至认为，“操心帝”老板可能是降低公司工作效率、阻碍公司发展的最大原因。

他现在蠢蠢欲动地想跳槽了。

（林蔚）

专家点评

过于热心无法真正体现自身价值
感受善意在关系中学习建立边界

操心分两种，一种是“妈妈型”，表现为热心，恨不能把别人的事当自己的事，没过问一下就觉得不舒服。对别人的关心、关注就像妈妈对自己孩子似的自然，当然免不了可能像“妈妈”一样唠叨，故事中的马大姐就属于这个类型。另一种是“控制型”，表现在对事物发展的把控及对细节的关注。对工作有绝对的控制才能获得安全感，很显然王力的老板就属于这一类型。

“妈妈型”操心帝与被操心者之间，某些方面很像一种亲子关系，操心帝在其中扮演着这样一种类型的“父母”——在他们自己成长的经历中可能缺失了一些很关键的东西，例如被爱、被关注等，于是在和别人的关系中，尤其是小辈或者在他们看来比自己弱小的人，就会全力照顾对方，让对方感觉到温暖、被关心。其实，他们这样做只是在爱自己内心那个没有长大的小孩。

这样的“父母”在自身的成长过程中，可能有一些未完成的期待，比如错失了高级职称评定等，于是对后辈会格外谆谆教导，提醒对方不要重蹈覆辙，其实他们这是在表达自己对未达成期待的遗憾，不能释怀，但又无法行动，于是寄托于假想的自己。

这样的“父母”总觉得年轻人不够成熟，一定要被教导着才能在工作中避免误入歧途，其实这是他们对自己的生命能量没有足够的信任，生命空间没有得到充分的探索与成长。这样的“父母”也可能没什么成就感，“孩子”是他们唯一的成绩，于是，“管”孩子就成了他们可以彰显自己尚且存在的行为——帮助别人是为了让他们感觉到自己是有价值的。

“妈妈型”的操心可能会让一些年轻人感到温暖，因为在他们承受着离开父母的焦虑与恐惧时，突然有人跳出来承担父母的角色。能享受到父母般的温暖当然让人心情愉悦，适当的温暖也的确可以抚慰人心，但始终不能脱离父母照顾的人，很难真正长大。

正如故事中的尤佳，已经习惯了别人的提醒与呵护，当她需要独立处事的时候就掉了链子。当然这不能怪那些操心帝，我们首先应该反思的是，活着到底是为自己，还是为别人？如果是为自己，那么要如何承担责任？

最让“妈妈型”操心帝觉得伤心的，或许就是对方不买账。对一些人来说，好不容易离开父母，开始独自在社会上打拼，怎么能忍受又来个“父母”管着。

其实，被拒绝甚至被厌烦带来的不舒服，可以让“妈妈型”操心帝仔细想想这背后的原因，对他们来说，最重要的是要分清别人和自己的界限，只有看到这点，才能让自己面对内在的真实感受与期待，从而真正为自己做些事情。因为，用操心别人的方式永远也做不到“爱”自己。

如果说“妈妈型”操心帝是源于边界不清的话，那么“控制型”操心帝则更主要是性格使然。受遗传和社会环境的影响，人会有相对稳定的、独特的性格特征，因此人和人的行为方式会有很大差异。

例如有些人就喜欢按部就班的工作，并对工作进度、可能发生的情况要随时控制，因此，他需要有短期、中期、长期的工作计划，对每个细节有具体的安排，避免燃眉之急带来的压力。这样他才觉得有安全感，并认为工作是顺利的。

而相对于这种行为方式，另一种人则更喜欢随遇而安：有计划当然好，但计划只是为了定出工作的基本方向而已。事实上，他更喜欢去体验那种灵活的、即兴的工作方式，期待随时的变化，从最后的压力中获得行动的动力，并从中感到乐趣。

这是两种截然不同的、甚至有些对立的性格特质带来的行为方式差异，当然，大多数人可能会居于这两个极端中的某一点。王力的老板显然更偏向于前一种方式。如果王力与老板在这方面的性格更相似，可能就不会有那么多的不舒服。实际上，正是因为不同性格带来的不同工作风格，让王力倍感压力。

对于因性格不同而造成的冲突，无论是操心者还是被操心者，多一些对性格的觉察，就能多一分对别人的理解，少一分指责。

如果王力的老板能看到这一点，也许可以多给下属一些空间；对王力而言，要了解这种工作方式只是老板的性格使然，未必是针对某个人在发力。

当然，此刻的王力依然可以选择走还是留，但要想清楚的是，无论到哪里都有可能遇到和你性格不同的合作者。

无论是什么类型，如果你身边真的有这么一个操心帝，不妨试着享受其中的善意，同时在相处中学习如何与不一样的人打交道，如何能以更好的方式在关系中建立边界。如果你就是操心帝本尊，那么请试着理解自己，然后想一下在那么多的操心背后，你的期待是什么？想清楚这些，你的工作和生活都可以有所改变。

（全球职业规划师　杨开）

强势的同事怎么合作

故事一 | 你非得踮起脚尖装旗杆

实习生杨多经过数次例证和数次反省之后，得出一个结论：嗓门大的人确实强势。

刺激杨多总结经验的是王迪，那个比她大两岁的前辈，初次见面，杨多对她的印象就是长着美声体型的女高音。那次，杨多正趴在电脑上琢磨报表，聚精会神之际，正在打电话的王迪突然把声音提高了八度，吓得杨多心里直突突，忍了一会儿，实在受不了，推门而出。

坐在办公室外面的小姑娘正在探头探脑，看见杨多，问了一句："王姐家的物业怎么了？"

杨多当时就惊着了，不为小姑娘这句话，而是王迪的高分贝，竟然高得连隐私都没了。当杨多跟部门其他同事提起这个小花絮的时候，大家都心有戚戚焉，迅速共享了被女高音震得心肝脾胃乱颤的经历。头儿还重重地拍了拍杨多的肩膀说："英雄所见略同，一家人就得进一家门！”

“这门不难进，”杨多说，“关键是门槛高了些，每次都绊着人。”

王迪跟杨多合作弄一个报表，格式、分析项目什么的都是惯例，统计数据则是杨多负责。王迪说了：“这个报表是要给总经理看的，杨多你的数据一定不能出错，要彩打，要装订，要精致。”

杨多心想，怎么都是我的事儿啊，你干什么呢？每个月都交报表，本来是惯例，怎么到她这儿就得兴师动众，不知道的还以为是给总理准备的呢。好歹，除了杨多的这番腹诽，两人的初次合作总算平安落幕。

第二次，据说是王迪主动提出要跟杨多合作的，杨多听闻此事后的想法很正面很阳光，这是同事认可自己能力的一种表示呀，这颗甜豆让她还稍稍自得了一番，上次的那点儿不愉快也就忽略不计了。

不过，干活之前，王迪还是一如既往地先给杨多上课，先是表扬她在上次的合作中表现很好，自己慧眼识珠，加以调教，定能有一番作为；然后开始讲两人此次合作的重要性，决不能麻痹大意，否则可能影响公司今年的发展规划。

这番说教听得杨多心头冒火，你又不是我的领导，摆出一副“小同志好好干”的架势，什么意思？至于公司的发展规划，我还挺有自知之明的，事关公司发展的项目，恐怕还轮不到我这儿。

王迪讲的是宏观的大道理，你能说她说错了吗？可明明大家都是一般粗细的筷子，就你非得踮起脚尖装旗杆，换成谁都得冷笑三声把你拽回地平线。可是，杨多决定忍了，委屈自己总比得罪别人强，不过，只此一次，今后断不能再给自己找接受再教育的机会了。

可惜，杨多的这番隐忍很快就被王迪破了功。

那是在头儿和她们俩的小会上，王迪一点儿都不客气，她说杨多的构想有问题，不能只是因为别人有我们就不做，缺了这块儿就是我们将来的劣势。

杨多耐着性子，抿紧嘴巴使劲咽了口唾沫，她觉得如果再放任王迪对自己指手画脚，那将来就永无出头之日了。杨多说："我这么做是从成本考虑，别人已经做得很成熟，我们投入有限，做了又做不好，影响整体效果。"

王迪一听就炸了，音调立马狂飙八度："为什么会做不好？干什么都不是一帆风顺的，别人能做，我们就能比别人做得更好！我这个人，就是这样，要么不干，要干就干到最好！"

什么有理不在声高，杨多忿忿地想，这肯定是那些吃了败仗的人琢磨出来自我安慰用的。王迪的高分贝已经在气势上压倒多数，起码头儿也蔫蔫的，没想这时放下身段扯着嗓子跟她来个山歌对唱。

尽管此刻讨论的不是工作态度问题，王迪打出要干就干最好的口号，有点儿驴唇不对马嘴，但这话却是放之四海而皆准的。看看王迪，已经被这句话激荡得热情洋溢，后背笔直，身体前倾。杨多突然就想到了斗鸡，可是，让一只兴致盎然的斗鸡回归理性，应该是很难的吧。

故事二 | 肥胖的手指

一只肥胖的手指悄悄伸进包装袋，去抠几粒花生。

晨曦对商涛的第一印象就是这手指。窸窸窣窣的声音让她从工作中回过神来，猛然发现身后站了个男人，身体前倾，眼睛死盯着她的屏幕，手指在觅食。晨曦一惊之下，想起领导嘱咐过，实习开始这半个月的任务，就是协助这位同事筹备一档新节目。

也不知道他在背后偷看了多久，好吧，晨曦忍住厌恶，笑眯眯地把花生推过去："我从外地带的，味道不错，你都拿过去吃吧。"

没想到，商涛马上摆出一副正经嘴脸，油手指在裤子上蹭蹭，背到身后，腆起肚子，批评道："不了。我哪知道你是不是那种小气的人，拿几颗花生，就是特地试试你。"

更令人发指的事还在后面。

这是谈话类节目。商涛折腾了半年还没找到主持人，最后自己要求出镜。一天早上九点，商涛说，话题定为A方案，让晨曦马上去找专家、嘉宾和学生团队A组，通知20多个人凑齐，当晚七点来演播室。

专家和嘉宾要预约、走程序、发函，每个学生还要安排相应问题，这几乎是个不可能完成的任务。即便这样，到下午四点，因行动力超强而被誉为"动力小火车"的晨曦终于搞定全部。

但是，她没找到商涛汇报进度。

倒也没事，趁此空当，晨曦去喝咖啡顺便打印台本。瞬间，她石化了——打印机里吐出来的是另一个台本，今天录制的专家、嘉宾和学生改为B组的30个人！

一口热咖啡差点喷到机器上，晨曦马上死命拨打商涛的手机，却一直关机。她又找到播出主管，发现商涛中午已经确认走第二份台本，原台本改为明天。

那位主管怜悯地看着晨曦说："别发懵了，快行动吧！"

没时间较真了。晨曦马上给早上百般哀求的一群人再打电话改时间，忙乱、痛苦而且极其尴尬。更恐怖的是，她还必须马上给 B 组的 30 个人打电话，要对方三小时内赶来录节目！

整个晚上，晨曦就处在极度崩溃的边缘，每个毛孔都嗡嗡作响，耳边充斥着电话那头的抱怨、气愤、拒绝，而她的嘴巴只能麻木地一再道歉，并尽量诚挚和镇定地哀求。

也许真是走狗屎运吧，到了八点，B 组的一群人居然到齐了。更神奇的是，商涛也“适时”地出现了！

而晨曦全身就像被驴踢过一样，一片酸软，瘫在监控室的椅子里。

没想到，噩梦才刚开始。录制没到 20 分钟就出状况——主持人和嘉宾吵架了。

是个德高望重的老教授，和商涛的意见有些许不同，笑眯眯地提出“探讨”。但商涛当时就双唇紧闭，不再吭声。等老教授再要说话时，他马上出声打断。他屁股对着镜头，一手插裤兜，挥着另一只手上那根肥胖的手指，指挥一个女嘉宾：“轮到你说。他说太多了。”

现场一片惊愕。老教授脸色铁青，气得就差当场走人了。

破事还在不断发生，最后计划录 40 分钟的节目，录了两个半小时。一出演播厅，老教授就气咻咻地找晨曦算账，恨恨地说她电话邀请里说得那么好，根本就是忽悠人。

晨曦好说歹说，老教授也没消气，临走发下最后通牒：“要是不换主持人，我绝对不来。”

“小火车”忍无可忍，当晚发邮件给商涛，礼貌地提示：“下次流程变更请及早告诉我好吗，另外对嘉宾能否客气些，便于以后邀请他们。”

次日一早，商涛的邮件来了："我给你打过一次电话，占线。我很忙，你应来向我确认。至于如何对嘉宾，是我的事，望你做好本职工作。"

晨曦气得眼前一片旋转，简简单单的几行字看了半天。

五分钟后，她突然醒悟过来，商涛还把这邮件抄送了领导。也就是说，商涛居然趁此机会，告了晨曦一状。

再去上班，领导看晨曦的目光甚至有点儿责备，那意思是，怎么刚入职就不团结。

晨曦这下知道自己碰上了"极品"同事，她不停地深呼吸，提醒自己：要和商涛这死胖子斗争到底。

第二天，晨曦每隔一小时就打电话确认人选和话题，直到晚上顺利进棚。商涛指示："今天现场你别管了，在楼下编辑室剪片子吧。剪好后等我，我们一起讨论，然后你再下班。"

不去现场倒也少闹心。晨曦乖乖下楼，从晚上七点到十一点都在剪片子，等录制结束。但演播室没任何动静，晨曦给他发了五个短信未回，打电话也不接。到了凌晨，晨曦实在担心，去楼上演播室一看，一地狼藉，人早走了。

晨曦硬着头皮问一个来宾当晚的录制情况。对方很惊讶："啊，九点多就录完了，商涛说你们单位请吃夜宵，我们还问起你，他说，你早就回家了……"

"小火车"所有的火苗全熄灭了，只觉得浑身冰冷。她突然发现，商涛就像那根肥胖的手指，明明没有资格指挥，却理直气壮地指挥她跑东跑西；明明事情做得很猥琐，却总能冠冕堂皇，站在道德制高点指责别人。

既然无处抱怨，也没法宣泄。晨曦只有一个办法：逃。

等她费劲调去另一个小组后，发现商涛写了个详细的总结，洋洋万字，抒发自己如何白手起家，节目有何等意义，当然，中间完全没有晨曦二字。可能嫌直送领导还不够，他还把这些自我吹捧群发到每个人的邮箱。

晨曦庆幸自己逃出，可以淡定地对此嗤之以鼻。但马上，邮箱里又来了两封新邮件。

一封是领导的。商涛由于表现出色，现升迁为大组长，是你的直属上司，请注意团结。

另一封自不必说。对面那只肥胖的手指轻轻一点，发来一句话：你等着吧。

（倪岚 白的的）

专家点评

展示强大源于内心自卑
适当示弱坚守心理底线

我们都希望做生活的强者，而生活中，有一种人打着强者的旗号，处处表现争强好胜，不把别人放在眼里，不尊重别人却希望人人都尊重自己，这种人就是我们经常会遇到的强势者。

我们之所以不愿与强势的人合作，是因为与他们合作一般不会有愉快的感受，在合作过程中我们常常会感到压抑、无奈、无助、愤怒。为什么他们会让人感觉不舒服呢？

首先，因为强势的人处处要凌驾于他人之上，将平等的同事关系变成一种尊卑关系，不懂得尊重他人，不管自己能力如何都要占上风，强迫别人按照自己的想法去做，完全不去考虑别人的处境。因此，在我们跟强势者合作的过程中，不得不按照他们的指挥去做，如果不听指挥，他们就会施加压力，逼别人就范。

就像案例中的王迪，以一种领导的气势指挥杨多，让杨多感觉很不平衡，并且很压抑和愤怒。如果有理有节地提出抗议，不但不会使她反思，反而更加变本加厉。面对这样强势的同事，我们得不到作为人应该得到的尊重，所以，不压抑、不愤怒几乎是不可能的。

其次，强势者的行为往往会超越我们的道德底线，他们会做出损人利己的行为，但行为之后还能有好的结果，得到领导的赞赏和晋升的机会，这会让人感到极度的压抑和不平衡。强势的人往往没有足够的能力去做好一些事情，他们只能借助他人的力量达到自己的目的。

面对强势的合作者，我们只能委屈、愤怒、无助吗？当然不是，只要我们了解强势者的内心状态，掌握一些沟通的方法，就能有效地应对强势合作者。

强势者表现得很强势，他们一定很强吗？可能正好相反，从心理分析的角度来看，追求外在强大的人内心往往掩藏着某种自卑。外在的强悍往往是为了补偿内在的虚弱。他们担心同事比自己能力强，更担心别人会看透自己，知道自己多么无能，所以才拼命地找补，希望通过这种方式让大家尊重自己、相信自己的能力。

真正内心强大的人不会展示自己的力量，不需要把精力放在要超越别人上，因为他们是自信的，不需要通过凌驾别人之上去证明。

所以我们可以运用一些沟通的技巧去和强势者一起工作。

第一，与强势者沟通要学会示弱。因为强势者很怕别人认为他弱、没有能力、没有自信，他们缺的是自信，那我们在跟他们合作的过程中，就适当地示弱，让他们有信心，并且让他们觉得不需要通过特别强硬的方法也可以得到别人的尊重，也可以让人觉得自己有能力。

例如，杨多在王迪对她做报表有近乎苛刻的要求时，可以跟她说："王姐，你真有经验，你可以告诉我怎么做才能显得精致一些呢，我刚来不久，还要多学习。"如果这样对王迪讲，她的危机感就会消失，也不需要表现出强大，自信心提升，说不定还能承担大部分的任务。一个巴掌拍不响，适当示弱反而不会激起强势者的斗志，在合作的过程中，我们也不会感觉那么愤怒和无助了。

第二，要在与强势者的沟通中坚守好自己的心理界线。我们可以示弱，但不允许强势者任意地突破我们的心理界线。当他们提出不合理的要求时，需要委婉地拒绝不合理的要求，告诉强势者我们是有尊严的人。

在晨曦和商涛的沟通中，对晨曦来说，在下午四点钟的时候就不需要再通知B组的嘉宾和学生。等到晚上录制节目商涛出现时，可以很真诚地跟他讲："实在对不起，我已经尽了最大的努力，要通知B组实在来不及，打你的电话还打不通，现在嘉宾都已经来了，前面你对A题目也做了一些准备，相信你一定有很好的随机应变的能力。现场遇到什么事情我们随时讨论，非常感谢你！"

强势的人就希望别人认为他很重要，所以就像小孩子一样随意去试探或惩罚别人。当把他放在成人的位置上，让他有所承担的时候，他反而能感觉到自己很重要，会放弃那些不合理的行为。所以，要保护好我们自己的心理界限，但也要在尊重强势者的基础上进行沟通，否则只会让他变本加厉。我们看到晨曦也曾经提出过抗议，但这种表达会让商涛感觉被指责，所以起不到效果。我们只有跟强势者站在同一战线，让他感觉你不是他的敌人，并且很尊重他的时候，他也会开始尊重我们。

（北京建筑大学心理咨询中心　王伟）

累人累己的“好好先生”

故事一 | 她为何总是尽力满足别人的所有要求

实习第一天，方芳的表现就让我刮目相看：同样是初涉职场，人家可比我这个愣头愣脑的傻丫头成熟多了！

那时，我们都是刚刚走出校门，在招聘会上一路披荆斩棘，最终进入一家大型商业银行工作。去公司报到的当天，人力资源部门就安排我们这些新员工接受了一天的拓展训练。晚饭时，领导介绍说，单位引入这样的培训方式也是第一次，希望大家谈谈感受并欢迎提出建议。

偏巧我坐在这位领导身边，于是被顺势点名第一个发言。原本我就是个大大咧咧的脾气，遇到如此突如其来的问题，就随口讲了几句，最后还像模像样地提出了两条改进建议。随后，领导很快发现了坐在对面一直微笑点头的方芳，请她也来说两句。方芳先是一愣，然后很快镇定下来，不慌不忙地喝了两口茶水，才慢慢开口道：

“我非常感谢单位安排的这次训练，让我学到了许多书本上学不到的东西……特别要感谢张前辈和李前辈，把他们工作实践中总结的经验不加保留地跟我们分享。另外，今天好几位同事的机智表现也让我很佩服……”

具体的言词我没记全，反正该提到的她都提到了，该感谢的也都感谢了。相比之下，我那番自作聪明的建议显得格外幼稚。唉，失策失策，怎么第一天就犯了得意忘形的错误！真应该好好学学为人处世了！

随后的半个月是技术培训，之后，大家被分配到最基层的各个储蓄网点。按照银行业的惯例，一年的实习期满之后，分行会按照每个人的工作情况重新进行岗位安置。碰巧的是，我和这位乖巧伶俐、招人喜欢的方芳被分到了一起。于是，她就顺理成章地成了我学习的榜样。

投入工作以后，方芳还是保持着她一贯的微笑表情以及有求必应的处世原则。在我们那个小储蓄点里，她深得老、中、青三代同事的一致好评——一方面，她在工作上非常认真，整本整本的账目要反复核对三遍，绝对不会偷懒少算一页；另一方面，她还特别好说话，不管是临时加班还是节假日倒班，她都答应得特别痛快，还总是客客气气地说：“反正我没成家，周一周二休假也挺好的，逛街还没那么多人。”

至于我，虽然反复提醒自己“多向人家学学与人为善”，无奈20多年来养成的直脾气，时不时就会冒出一两句让人听上去不太舒服的话来。那时候我总是很好奇，方芳好像永远都会对别人好，永远都不会拒绝别人，但她也是个凡人啊，怎么可能乐于满足别人的所有要求呢？

后来，一起工作的时间长了，我对她的看法也渐渐有了变化。实际上，方芳的好脾气与其说是什么世故圆滑，还不如说是她不敢说“不”，不敢直接拒绝别人。而且，这样的“好人缘”也总会给她带来不少麻烦。

有一次月末，大家手头有一批数据要汇总。那天上午正赶上方芳出外勤，我们就约好了等她下午三点回来以后再一起做。可这一等，就等到了快四点。她解释说，上午出电梯的时候遇见了主任，见她出外勤，就让她顺便把一份资料交到分行去。她一声没吭就应了下来，忙完了外勤的事就往分行赶，然后又自己掏钱打车回来。

那天，我们集体加班到晚上八点多。看着方芳可怜巴巴的样子，谁也没再多说什么，可她还是觉得特别不好意思，一个劲儿地道歉。

不仅如此，方芳的好脾气有时还有点儿不讲原则。有一天刚上班不久，主任临时有事急匆匆准备出门，临走前嘱咐我们："桌上有份文件要快递，已经打了电话叫邮局的人来取，等会儿交给人家就行了。"

没想到那天下了场雷阵雨，邮差突然打电话来问能不能改天。开始是方芳接的电话，听人家这么说，她更是抹不开面子拒绝，只是客客气气地说："你别不来呀！"然后就歪过脖子来问我们怎么办。

我实在气不过，一把抓过电话，毫不客气地打断了对方什么"南城北城不好走"之类的废话，一字一句地说："我的工作就是把东西交给你，你的工作就是把东西拿走。我等你等到中午 12 点，你不来我就投诉你！"然后，收线，挂机。

等我吐着舌头，连连骂自己又没事瞎出头的时候，忽然发现，不光方芳感谢我为她解了围，其他人也投来了赞许的目光。杨姐还特别夸了我几句："这丫头，会跟不同的人打交道了。"

转眼，一年过去了。上个月，主任请我们几个新来的吃了顿饭，意思是希望大家能留下来。虽然有些留恋，但为了自己今后的发展，我还是递交了去分行工作的申请。可是令我万万没想到的是，方芳这次居然没提出任何申请！

当然，她可能是真的喜欢基层工作，但我无论如何也不希望，她是因为不好意思拒绝主任才这样做的。

故事二 | 太好相处的家伙也让人头疼

“我的意中人是个英雄，有一天他会身披金甲战衣、脚踏七彩云霞来娶我……”对男朋友，乔欣有很多要求和设想，但对于同事，她却没什么想法，“只要处得来就行”。

可一旦开始实习，乔欣却失望地发现，“处得来”这个看似简单的要求，原来也不是那么容易就能满足的。

乔欣在一家公关公司的客户部实习，和她搭档的是A。

A，男性，28岁，三年工作经验，今年年初刚刚跳槽过来。每天，大家都在同一个高档公寓里吃饭、办公，再加上经常加班，“和同事相处的时间，比男朋友还多。”乔欣戏谑。

说这句话的时候，乔欣还没有意识到，这是她职业生涯痛苦的开始。

A并不难相处，甚至可以说，打一开始他就给乔欣留下了颇为良好的印象：瘦高个儿、彬彬有礼的样子，虽然比她大一岁，却毕恭毕敬地称呼“乔姐”，那股认真劲儿让人忍俊不禁。

但渐渐地，乔欣就笑不出来了。A除了好相处之外，几乎一无是处——这样说似乎有些诋毁他了，A不仅积极勤奋，而且业务能力也不差。或许应该说，A是一个“没心没肺”、高智商低情商的家伙。

乔欣以为，A 来了之后她的工作量肯定会减少一些。没想到，恰恰相反——

那天，由于客户对项目方案不太满意，客户部门召开了紧急会议。就在大家对这块“烫手的山芋”避之不及时，A 却主动站了出来。这让乔欣有些不爽：初来乍到，抢什么风头！再说，即便接手，也该由她乔欣出面，凡事不都得讲究先来后到嘛。

A 看出了乔欣的不满，说：“方案我来写，你过目就可以了。”态度之诚恳，让乔欣不好意思再说什么，于是，她开始了漫长的等待。可是，第二天就要提交方案了，头天晚上，A 却还处于酝酿阶段。

乔欣差点儿没被急死，只能和他一起，连夜把方案赶出来。结果，客户还是不满意，这下子，乔欣成了替罪羊。

A 似乎从来就不会拒绝，不知道“不”字为何物，永远是一副“好好先生”的样子。明明是别人的活儿吧，他却总是无条件应承下来，到最后，乔欣哪怕恨得牙根痒痒，也只能跟他一起收拾“烂摊子”，而且，往往还吃力不讨好。

这也就算了。可是当老板以“项目完成不佳”为由克扣奖金时，乔欣怒了。她希望A能和她一起去讨个说法。谁知这个时候，他居然退缩了：“我不去，万一失业了怎么办？”

这个世界上最愚蠢的理由，让乔欣无话可说。

乔欣有时甚至怀疑：如果你打了他右脸的话，他会不会真的把左脸也伸过来。因为，他似乎无论如何都不会得罪任何人。

有一次，乔欣和 A 正在赶一个项目，他的手机响了。电话里，前女友开始向他哭诉现任男友的“滔天罪行”。虽然曾被狠心抛弃，但此时的A似乎丝毫不计前嫌，他一边干活儿，一边“哼哼哈哈”地附和着。“你根本没在听我说话，你已经不关心我了，哼！”半个小时后，前女友生气地挂断了电话。

“我这么忙，还在听她抱怨，我容易吗我？”A一脸委屈的样子。

在一旁的乔欣把这些全都看在眼里，甚至急得她一度想冲上去给A几拳。看着他郁闷的样子，乔欣忽然意识到，自己现在的最大愿望竟然是——再也别跟这种不会说“不”的“好好先生”共事了。

（阿洛　黄梓馨）

专家点评

牺牲自我未必改善人际关系
适度拒绝更能建立工作信任

说起“好好先生”，眼前就会出现这样一幅画面：不坚持原则，没有主见，谁都不愿得罪，你好、我好、大家好，遇事模棱两可、一味和稀泥的和事老。最新版《新华词典》将该条解释为：一团和气，不问是非曲直的老好人。

其实“好好先生”古已有之。据史书记载，东汉时期，有个名叫司马徽的人，很善于识别人才。但由于当时政治斗争十分尖锐复杂，他就装糊涂，别人无论对他讲什么事，不管是好是坏，他都回答“好”。

有一天，他在路上碰到一位熟人。那人问他身体怎样，一向安好吗？他回答：“好。”又有一天，有个老朋友到他家里来，十分伤心地谈起自己的儿子死了。谁知司马徽也回答：“好！”那个朋友走后，司马徽的妻子就责备他说：“人家以为你是讲道德的人，所以相信你，把心里话讲给你听。可是你听人家儿子死了，反而说好，这算什么？”司马徽不紧不慢地说：“好！你的话太好了！”他的妻子又好气又好笑。

也许司马徽作古久矣，怎奈在如今的职场上“好好”之声仍不绝于耳。看看那个好像永远都要对别人好，永远都不会拒绝别人，脸上一直挂着微笑，却总是委屈自己的方芳。还有，明明是别人的活儿，却总是无条件应承下来，到最后还往往吃力不讨好的A。如果说司马徽是出于政治斗争的复杂性而选择了“装糊涂”策略来保护自己的话，那么这些现代职场中的“好好先生”则更多的是从自己的生活环境中学习到的一种“讨好式”的生存姿态。

有专著曾描述这类“讨好”人的典型姿态是：一条腿跪地，一只手向上伸出恳求，另一只手紧紧压在心口。他们的内心独白是：“我要为你做每件事，你不要对我不好”“我应该永远对人好”“我不应该侵犯任何人”“这些都是我的错”……在他们的内心中，对别人和自己的关系充满了担心和恐惧，害怕如果对人家说“不”，就会被排斥、被隔离和被孤立，从而失去和对方的关系。他们需要与别人保持这样的关系来让自己有安全感。

在职场中，这类人给人的感觉虽然是善于关心别人，和蔼可亲，对谁都好，好说话、好办事，容易满足对方当下的情绪和需求，然而，这样“牺牲自我”“满足他人”的做法并不总是意味着“双赢”“建立长远的关系”或者“彻底解决问题”。一方面，他们由于长期令自己的情绪处于压抑之中，不仅会成为影响自身健康的一大祸害，而且他们的内心也积攒了很多的委屈、抱怨、抑郁，最终导致退缩、敷衍塞责，丧失对工作的感受和热情。另一方面，违背双赢策略地满足对方需求，在工作中，没有把自我与他人的界线定位清楚，不知道自己可以拥有什么，责任是什么，往往承担属于他人的责任，替别人担负后果，解除困难与危机，这样的关系，往往是无法持久的，不只伤害自己，也阻碍了对方的成长。

因此，职场中的界线不仅不会成为我们人际关系的绊脚石，相反，设置一定的边界也是人际关系或好或坏的“试纸”。当我们在职场设立自己的界线时，我们既可以表达自己的感受和意见，也会尊重别人的感受，接纳别人的意见；我们既可以和别人感情很亲密，同时也拥有自我感和与别人分开的自由；我们既可以适当地对人家说不，不怕因此失去对方的关系和爱，也可以接受别人适度的拒绝，不会因此在感情上内遁或畏缩起来。

那么，在工作中，什么样的情形需要我们设置边界，勇敢说“不”呢？一般而言，有额外的工作，习惯性地暂时接替其他同事的工作，为别人倒茶、煮咖啡，修改合约，让客户随时可以找到，为老板或领导做一些不合意的差事等等。

面对这些不合理的情形或要求，如何做到既不伤害自己，也不伤害对方地说出“不”字呢？不妨考虑以下的一些方法：首先要觉察自己的情绪，告诉自己，合理地说“不”才更有助于双方建立长期关系；其次分析出，这样的请求中什么是可以“答应”的，而什么则是必须“拒绝”

的。然后，“答应”那些你可以承诺的部分。至于需要拒绝的部分，更重要的是要用“我”字开头来表达你对对方的理解是什么，也告知对方这样的情形或请求带给自己的情绪感受有哪些，并说明那些你“不能答应”的背景与理由。最后再用充满信任的语气表达“你相信对方能够理解”。

当然，这样的改变在短期而言，会让“好好先生”们感到焦虑急剧增加，也可能会感到愧疚、自我怀疑、尴尬和孤独，有时候我们还要面对和应付别人的惊讶、疑惑，也许是不以为然或者不满，甚至会是拒绝。然而从长远来说，我们启动了一个自我意识渐进的、清晰的过程，伴随着这个过程，你会发现不做“好好先生”，别人未必就觉得我们自私卑鄙，相反你关心他人，尊重别人的品质就变得更诚恳和真实。也只有这样，你才可以在职场中建立起真正的自信和真实的信任感。

（全球职业规划师　杜若）

实习备忘录

1. 人际交往应对的规则最基本的是礼貌和尊重，再加上保持微笑，就能做到不过不失。
2. 与强势者沟通要学会示弱，也要坚守好自己的心理界线。
3. 遇见操心帝，不妨试着享受其中的善意，同时在相处中学习以更好的方式在关系中建立边界。
4. 当自己成为最可靠的大树时，再去看待领导的亲疏远近，才最容易把领导当成普通人来看，理解他们的行为模式，甚至内心的不易。
5. 面对不合理的要求，合理地说“不”才更有助于双方建立长期的关系。

4 谁没有“中枪”的时候

成功是长期努力工作的结果。步入职场、开始实习，就要尽力做好每一项工作，不断积累成功经验，以体现个人价值，赢得领导和同事的赞誉。但是，不要过于期望“一鸣惊人”，也就是不要把自己的成功与某个特定事件捆绑在一起。如果我们能够理智对待职业事件，就不会对某件事情的成败过于在意，既使遇到挫折，其伤害也会很小。

如果被上司抢了头功

故事一 | 宋佳被组长彻底害了

宋佳在省城一家重点高中当老师，学校从她实习伊始就很重视她。她所在的史地教研组正逢全省优质课评比，组长对她说，小宋，你放手干，到时候我推荐你。

组长说完话，夹着课本和教案翩然而去，宋佳却陷入了沉思。她想，和老教师比，无论课本熟悉度还是讲课生动度，她都不是对手；如何脱颖而出，她得好好琢磨琢磨。

整整一个星期，宋佳表面上不露声色，背地里做足了功夫。她先在她带的四个班里做了小小的“民意调查”，看看学生们最喜欢用什么样的方式上历史课，“看电影”？学生不感兴趣；“做游戏”？学生感兴趣，宋佳却否定——课堂乱起来，无法收场；“演小品”？占用时间太多，再说，不能只顾玩儿讨学生喜欢，忘了“传达知识”才是硬道理。

宋佳思来想去，决定中和学生的意见，这不马上要讲“文成公主入吐蕃”吗？干脆让学生排演个小话剧，几个学生写剧本，几个学生演，加上“群众演员”，争取让全班三分之一的学生上台，剩下的在台下当观众兼评委，可以提问，参与打分，最后公决，评出“最佳演员”。

宋佳为自己的想法感到激动，所谓奇兵制胜，这样的公开课，还不稳稳被推荐，运气好的话还能拿到省优质课的奖呢！

当办公室里只剩下宋佳和组长时，她向组长坦白了自己的计划。组长大为赞赏，空调开着，组长还是打开她那把秀气的檀香扇，一边扇，一边说：“年轻人就是有办法！但，这课上起来，你要注意几点……”宋佳非常高兴，不但得到了组长的认可，还得到了她的指点。

此后的日子，宋佳紧锣密鼓忙了起来：指导学生写剧本、挑演员、带他们排练……公开课的每个环节，都在宋佳的脑子里过了上千遍。

组长来关怀了好几次。

每次来都带着对年轻人的关心，每次走都留下若干建议。宋佳感激之余，在优质课推荐表上答应了组长的提议——“你太年轻，一个人报不合适，不如前面挂着我的名字，别人就不好说什么了”。组长是爱护她的，最起码不会害她，宋佳想。

公开课获得了成功。

按原先的设计，为表现学生绝对的自主、自娱、自学，老师只在一上课时简单介绍这堂课的内容，下课时再做下总结。既然推荐表上写的是组长和宋佳的名字，所以她俩提前做了分工，组长课头，宋佳课尾。

校内的公开课，宋佳和组长配合默契。

优质课评比正式开始，省里专家来听课时，却出了差错。

一切正常，眼看要下课了，宋佳屏息，闭眼，暗自顿顿，站起身，准备上台，没想到，组长已经先她一步。

组长站在讲台，嫣然一笑，条理分明，逻辑清楚，普通话异常标准。她总结了文成公主嫁到吐蕃的一二三四点意义、一二三四点影响，她一扬手“感谢今天参与表演的同学们”，再一扬手“感谢观众和评委们”，笑声、巴掌声响起一片。

她最后向来听课的省里专家、校内老师鞠躬，似乎完全忘了有宋佳这回事儿。

宋佳觉得眼前的一切都不是真的。

“怎么会这样？我是不是被组长耍了？”这个声音持续了几天几夜，怎么也挥之不去,可是班还是要上,上班时也不见组长有什么特别的歉意。宋佳甚至怀疑这一切是不是自己的幻觉，也许从一开始就确实是组长的课，她只是来帮忙的?

她突然想到她最后并没有看到那张推荐表，也就是说，从一开始就是个预谋。宋佳想得头痛，精神就有些恍惚，上课时心不在焉，公开课后的第五天，她在讲台上说着说着，突然发现什么都听不见了。她撑到下课，去医院，医生说，她可能是遭遇了打击，引发了神经性耳聋。

宋佳的生活因为一堂课完全改变了。

她听不见，不能上课，只能休假半年。

吃药让她越来越胖，一只耳朵恢复了听力，另一只耳朵却一直不太好。

听得不清楚就显得她反应迟钝，反应迟钝，重新工作的她也无法像过去那样被学校重视。

大家都说，宋佳被组长彻底害了。

几年过去了，组长被调走，去别的学校。宋佳还是个微胖、耳朵不太好，你说话，她希望你重复几遍的普通老师。

组长并没有因为省优质课得奖飞黄腾达，那只是她履历上的一笔，也仅是一笔而已。

组里的其他老师也没有因为从没得过奖，生活就特别不如意。只有宋佳，那堂公开课成为她人生的转折点。

宋佳有时想想过去的事，有些后悔，其实组长或是公开课，都只是她人生挫折中的一种，如果自己再豁达一些，或者不够豁达，干脆撒泼把怒火、委屈发泄出来，而不是憋着、胡思乱想，也许公开课就只是公开课，她也还是原来的宋佳。

故事二丨到底谁该为我那天的伤心负责

“叮铃铃……”摁掉闹铃，飞快洗漱完毕，拿上外套，带上门，顶着一对熊猫眼，急匆匆我就出门了。

虽然还是讨厌早上七点就出门，虽然还是讨厌挤公交、转地铁，虽然还是不适应这个城市灰蒙蒙的天，但姑娘我的心情是蓝澄澄的，一路的笑意，小跑着进了公司大门。

这一切的开心，只因为我要向全公司的人展示我的项目方案了！想象着那个鼻孔朝天的叶总监也得坐在台下，乖乖听我讲解，我心里那个得意呀。

看到前面一堆人围在文案展示板前，我特意加重步子，新买的高跟鞋踏着明晃晃的地板“啪啪”响。我渴望着第一个发现我的人，我都可以想象自己“一抹娇羞飞上脸颊”的虚伪样，还要一边说着“哪里，哪里”假意推辞。

“小白你不去看看吗？”新交的好朋友晓清看到我，压低声音说，“你别看叶总那副死样子，真没想到还是很有才的。不然能当上总监吗？”我心里一沉，千万别是我想的那样。

我迈稳步子走过去，刚刚看完的同事迎面走来，就像没看到我一样，丝毫没有惊奇的反应。我的心越来越沉了，感觉脸木木的，可心里还存着一丝侥幸。

快速扫描了一遍，我眼睁睁地看着在和我的策划文案一样的标题下，署上了“叶宁”的名字。周围的人声像潮水一样退去，我只听得到心脏急剧地跳动。愤怒吗？难过吗？心情异乎寻常地平静，似乎我早就有了预感。

昨晚奋笔疾书到快 11 点，我怕赶不上回家的最后一班公交，于是给叶总发了个短信，便直接把策划案电子稿发到他的邮箱，请他看完后帮我打印出来。虽然心里隐约觉得有点不妥，还是直接点击了“发送”，甚至忘了把邮件保存到“已发送”文件夹。

如今，他“剽窃”了我的创意，我只能笑自己太天真。都说要看一个人有没有心虚直视他的眼神就能看出，我倒想看看，叶宁怎么面对我。

早上九点，他快步走进办公室，脸上根本看不到任何表情。从他跨进办公室，我就一直盯着他，但他没有给我任何对视的机会，匆匆地进了自己的办公室。

我断定他心里有鬼，真想冲进办公室，大声质问：“为什么要这么做？”但想着自己刚进公司一个月，我又退却了。

一阵酸意从心底直直地撞上来，直逼鼻尖，眼泪在一瞬间就盈满了整个眼眶。生怕自己哭出声，我赶紧往卫生间冲。刚出门，眼泪就决堤了。怕被同事发现，只好用水拍拍脸，用力深呼吸，恶狠狠地把一口一口的怨气都往肚里吞。

看到镜子里的自己，形容憔悴。近半个月来我都在正常的工作之外，认真地准备这个策划案，本想在这次策划讨论会上“一鸣惊人”，没想到被这个恶心人临门一脚，杀了我个措手不及，仿佛在兵荒马乱之中，被卸掉了盔甲。忽然间，我感到那么的孤独无助。

QQ上，我把事情原委告诉了晓清，原以为她会帮我一起骂他一顿，结果她只给我发来一个拥抱的表情。什么意思？难道司空见惯？甚至这也是公司的“潜规则”？

很快就是策划讨论会，我戴着眼镜低头进了会议室。叶宁主持会议，站在台上的他衣冠楚楚，在我看来却像个禽兽。

没想到他会单刀直入地问：“都看到了贴在展示板上的项目策划了吧？各位怎么看？”又是一番肯定,叶宁的脸上也看不到丝毫自恋的神情，还是一副没有表情的表情。

“小白，你认为呢？”像一个炸弹扔到了我身上，我心里一惊，真没想到他会直接问我。自己做的策划，我当然知道哪些地方准备得不好。扶正眼镜，我像个老手一样侃侃而谈。

“非常好，小白的建议非常中肯，这样吧，这个方案就交给你改进，接下来的具体实施方案，你也跟进吧。”我实在无语，这是怎么回事啊？回头看了看一旁的晓清，她对我做了一个“加油”的手势。

会议一结束，大家都各忙各的去了，我被晾在了最后。

往后几天，我每天都到叶宁的办公室汇报最新工作进展，他毫无嫌隙地加以肯定，还指出我犯的一些语法错误，好像“剽窃”的事情不曾发生。晓清和我照样好，但丝毫没有提起那天的事，仿佛她不曾听我说过，搞得我都不好“旧事重提”。

只是，到现在我都不明白，到底谁该为我那天的伤心负责？

（林特特　白鹭）

专家点评

挫折体验影响个人发展
理智对待控制不良情绪

上述两个故事描述的上司“抢功”现象，是很多初入职场的人都会遇到的现实。只是有人遇到的问题比较明显，有人遇到的问题比较隐蔽。

所谓明显就是指个人对“功劳”有较为清晰的所有权，且多数人都能认同这种功劳应有的归属，但是却被上司所占有。实际上，职场中很多人的“功劳”，都会被上司所利用。比如一个部门中，每个员工干得都很优秀，为什么被提拔和奖励的往往是上司呢？这难道不是“抢功”吗？只不过这是大家都能认可的“抢功”罢了。这里之所以把“功劳”和“抢功”

都加了引号，是因为“功劳”和“抢功”更多是个体内心的评价和体验。

我们先从“功劳”说起，不管什么单位，很多任务往往都是由上司安排，由某个人或几个人共同完成的，在此过程中，通常是上司先交待工作任务，然后集体讨论思路，最后由某个人具体实施，任务的完成是大家共同努力的结果。“功劳”是谁的呢？至少，我们不能够简单地说，谁最后完成就是谁的吧？既然“功劳”大家都有份，“抢功”更多就是个人的一种心理感受。

虽然很多人有被“抢功”的体验，但是往往是新入职场的人容易出现心理偏差。其原因可能是多方面的，但主要与其个人的心理期望有关。为了获得领导的器重，职场新人需要用实力证明自己的能力，通常会期望自己能够通过完成某一件事情，而一鸣惊人。

故事中，宋佳把自己的命运与一堂公开课联系起来；白鹭把一个策划方案作为吸引人们关注的筹码，这种过于在意某件事情成败的心理，会让个体感受到更大的挫折。如果再没有良好的发泄渠道，很容易产生心理问题。

宋佳就是这种心理问题的受害者。正如故事中所说的，教研组长没有因为抢宋佳的功劳而得到什么特别的好处，但是宋佳成为这件事情的最终受害人。当然，教研组长这种明目张胆欺骗下属的行为是错误的，她违背一个教师应有的道德和良知。但是，宋佳个人过差的心理承受能力是其受害的关键。与此相反，白鹭的境遇就比宋佳好了很多，当然一方面是她的上司比那个教研组长素质高一些，另一方面，白鹭个人如果不能承受这种心理挫折，如果做出了一些过激或不当行为，就可能没有故事中描述的结局了。因此，上司“抢功”事件可能是客观存在的，但个人正确看待和处理这些事件对其职场发展起到至关重要的作用。

首先，要树立正确的成就观念。

成功是长期努力工作的结果，步入职场，就要尽力做好每一项工作，不断积累成功经验，以体现个人价值，赢得领导和同事的赞誉。但是，不要过于期望“一鸣惊人”，也就是不要把自己的成功与某个特定事件捆绑在一起。一件事做得再好，也只能说明你有该方面的特长，但是不能说明你就比别人强，更不能说明你就是成功人士！相反，即使一件事没有做好，也不必过于气馁，做得再差，也只说明你这件事没有做好，与你个人的荣辱成败没有多大关系。如果我们能够理智对待职业事件，就不会对某件事情的成败过于在意，既使遇到挫折，其伤害也就很小。

其次，要掌握处理职场挫折的方法。

在职业生活中，我们不仅仅会遇到“抢功”事件，还有很多其他职场挫折，这些挫折的处理会影响到个人未来的发展道路，因此，掌握基本处理方式至关重要。对个人来说，挫折就是当前无法解决的困难。怎么办？要么退出，要么挺过去。正如故事中的两个主人公，她们都没有选择退出，只能挺过去，而且只要挺过去，通常前景比较好，比如白鹭，她最突出的地方就是对情绪的控制，虽然自己很生气，但是她选择了正确的渠道纾解这些不良情绪，没有影响到自己的工作生活。但是宋佳缺乏正确的方式，只有一味地“生闷气”，严重影响了自己的工作和生活。掌握正确情绪控制方法可以有效化解工作生活中的不快。

最后，要学习预防职场挫折的经验。

所谓“吃一堑，长一智”，在职场生活中，我们要提醒自己不犯相同的错误。任何职场挫折的出现都有多方面的原因，多分析自身原因，能够让我们积累经验，学习挫折的预防办法。通过积极面对和迎接职场挑战，实现自身能力不断提升和心理素质的快速成长，为个人的职业成功奠定坚实的基础。

（北京信息科技大学 廉串德）

为这样的上司挡箭值得吗

故事一丨我是上司的挡箭牌

为上司挡箭，是不是该觉得荣幸？

别人告诉我的时候，这事已经是完成时了。事情不复杂，同事给我打了电话，三分钟不到就把事情的来龙去脉外加他打抱不平的侠义心肠表达得非常充分，末了，语带悲伤地安慰我，摊上这么个领导，没办法，想开点。

我的上司心眼儿忒多，这是公司里少有的共识之一。我进公司实习的第一天，小唐就神神秘秘地跟我分享了这个公开的秘密，再往后，很多人在很多场合无所顾忌地跟我谈论心眼儿这个词的引申义，悲天悯人地叮嘱我机灵点，千万别吃亏。

对我来说，这样的说教都是概念式的，接受起来被动而不得要领，好比一个即将上阵厮杀的战士，无论你怎么描述战场的险恶，在面对手握刺刀的敌人之前，这样的描述都是笼统而模糊的。更何况，我对上司还颇有好感。

她比我大不了几岁，但已经是公司最年轻的部门经理，跟这个职位相当的还有，淡妆、考究的职业装、常换常新的头饰、订制的马克杯、喷香喷香的黑咖啡，哪儿哪儿都透着“白骨精”的优雅。

工作要精明，生活讲品质，这非常符合我职场形象的定位。所以，当我的上司跟我大段短信往来的时候，当我的上司主动拉我去逛街的时候，当我的上司跟我交流和男友相处的问题的时候，好感基础上的亲近感便自然而然产生了，她说我们是朋友，我欣然接受，暗暗自得，可小唐说我太幼稚，已经不知不觉踏进了敌人圈套，什么时候做了帮凶都不知道。

谁知，帮凶没做成，做的是挡箭牌。

公司副总要从我们部门借调一个人去临时项目组，我的上司不乐意，抽一个人走，意味着很多活儿她就得亲自上阵，小毛兵的活儿干着太失身份。于是，她说我，“身体不好，慢性病，常常得看病吃药，急的重的工作都尽量不安排她，如果再抽一个人走，实在是转不开。”

愤怒，初闻此事的切肤之痛，让我半天没缓过神儿来。我是跟她说过最近在针灸，但绝对没有严重到需要她特殊照顾的地步，更何况，我才做完两个策划案，那可都是急活儿，我熬夜加班加点的时候，怎么没听她提及我的慢性病？

最后我的上司如愿以偿，可我呢，跟做了贼被人揪出来一样，副总扫我一眼，我都觉得意味深长，一天的好心情立时就能烟消云散，心里那叫一个恨，恨不得挖地三尺，就地遁形，一想到我在领导心目中是个病恹恹的药罐子，我就想快刀斩乱麻地辞职了事。

再之后，许多同事开始或真情或假意地嘘寒问暖，让我应接不暇：我认识一个中医，你去看看？有病不要怕治，慢性病就得慢慢来……我有些愤懑，本来是针眼大小的伤口，你干吗非得拿着放大镜比画？现在，倪岚身上有个巨无霸疮口，已经是街尾相闻，当事人我是百口莫辩，难不成把受伤的地方搞个展览？

每每这个时候，我就觉得胸闷，不厌其烦地悄悄声讨始作俑者。可小唐说我太大惊小怪，领导用下属挡箭本来就是上下级关系中的“应有之义”，我要因此较真儿，不依不饶，只能让我的上司觉得我太傻，而且没有牺牲精神，自此把我打入冷宫，彻底边缘化。

这可能真是一件微不足道的小事。迄今为止，我的上司对此只字不提，她还是一如既往地优雅，一如既往地关心我的身体，一如既往地跟我聊天谈心，依旧言辞恳切，表情真挚，没有丁点儿的不自然，她在给你提建议的时候，还是会盯着你的眼睛，说，作为朋友……

呵，我一听到这个，就得条件反射一般暗自冷哼一声，骗谁呢？我可再也不信了。

故事二 | 怎么一点好处都没落着

佳佳和所有从外地农村考上京城大学的孩子一样，毕业找到实习单位后不辞辛苦，每天早上第一个到办公室端茶倒水，擦地浇花；下班后最后一个离开，总结一天的工作内容，准备明天要完成的主要工作，可谓勤勤恳恳、兢兢业业。但不幸的是，佳佳的工作单位是一个让大多数毕业生羡慕，但人际关系极为复杂的国家机关。这对于本身对职场规则一无所知、性格老实直爽、乐于助人的佳佳来说，可谓吃尽了苦头。

也许是单位负责人有意锻炼，也可能觉得佳佳确实有些才华，佳佳一进单位就被安排到了单位最核心的部门，即领导办公室，顶头上司是一个外表极为和蔼的中年女性，属于典型的放责不放权的类型，这是后来才体会到的。佳佳刚上班不到两个星期，就被顶头上司委以重任，把一大堆各类文字写作工作悉数交给了佳佳。

两个月后的一天，上级机关领导来单位检查并要听工作汇报。佳佳、同事及顶头上司一起把第二天开会要用的所有讲话材料、文具用品、主席台座次等做了认真安排。没想到，等检查工作结束之后，单位领导立即把包括办公室主任在内的单位科室负责人召集开会，并大发雷霆，一顿狠批。原因很简单，在近 100 份的会议讲话材料里，偏偏检查组带头人面前的材料订反了一页，当时就让坐在旁边的单位领导面红耳赤，下不了台。

领导火气很大，非要当面找出是谁订的这份材料，把包括佳佳在内的几个人都吓傻了。佳佳猛然回忆起来，主席台上的那几份材料是自己的顶头上司认真订好后亲自摆上去的。佳佳抬头看看周围人，都低头不作声，主任也只是一再说，这次只是办公室工作不小心、不认真造成的，下次一定认真检查，不会再出错了，也没有要承认错误的意思。

这时，佳佳也许是初生牛犊不怕虎，也许是潜意识觉得自己应该为主任挡此一箭，便鼓起勇气，主动承认材料是自己不小心订错的。接下来，还没等同事来得及反应，耳边早已传来了领导关于“当下大学生眼高手低，做工作从来不认真、不负责等”的批评声。

佳佳虽然万分委屈，但觉得自己做得很对，因为这样可以赢得顶头上司的信任，同时也为办公室同事解了围，更重要的是佳佳认为从职场规则方面考虑，为上司挡箭是义不容辞，也是值得的，但他丝毫没意识到自己的这次挡箭在领导心目中留下了怎样的印象。

转眼半年过去了，佳佳把上司交给他的各种材料文件打点得有条有理，不少东西还得到了上级单位的表扬。可半年下来，不用说来自上级的肯定和表扬，就连顶头上司也只是有意无意间勉强夸赞几句，他不免有些犯嘀咕了。为什么自己尽职尽责努力工作，还为上司当胸挡箭，却一点好处都落不着呢？

偶尔一次从领导办公室门口经过，听见顶头上司和领导的一番对话，只听得领导一边批阅佳佳刚刚辛苦加班写好的工作总结，一边跟佳佳的顶头上司说："这个总结写得不错啊。"上司很自然地回答："这几天晚上都没睡好觉，我觉得还行吧，但离您的要求还有很大差距……"

佳佳傻了，自己身处的环境实在太复杂阴险了，自己忙活大半年的辛苦付诸东流，那次惨痛的为上司挡箭似乎仍隐隐作痛。佳佳扪心自问，为这样的上司挡箭值得吗？

（倪岚　西贝冰）

专家点评

替人受过难免心存期待
主动修炼重写职场格局

周立波的《笑侃三十年》里讲到，他在东北与人谈论哪里黑社会多，结论是：上海的老大狠狠地吹灭火柴或者摁碎烟头，于是东北的马仔立马心领神会掉头出去，该杀人杀人，该放火放火。老大不说话就不留证据，将来万一上了法庭也好脱罪，对于职业马仔来说，干脏活儿是本分，将来做替死鬼也是本分。

生涯发展的诸多理论大家都论述过一个相同的主题，那就是角色。人是生活在家庭、社会、职场三大舞台上的，那么就需要扮演好自己应有的角色……无论这个角色是主动修炼的，还是“被修炼”的。只有这样，才能与其他角色匹配起来。比如在庙堂之上皇帝老板是“口含天宪”可以“君让臣死臣不得不死”，看谁不顺眼直接推出午门给办了。但是，老板有许多时候想要行使这个权力时需要有个背黑锅的，因为老板做的事情都是需要“被记录”的。于是，在这个舞台上，就需要一些人时不时客串一下背黑锅的角色，而且客串的这个人是没有选择权的。

从逻辑上来看，如果下属不能为上司分忧，那么作为裁判的上司自然不会让你演好自己的角色，并时不时给你吹吹黑哨。因此，人各安命就是职场的规则。就像佳佳的上司，她很好地演着自己的角色，她自如地“放责不放权”，自如地“集下属功劳于大成”、自如地为她的老板当好马仔。职场的服务流程是：裁判是第一客户，首先要服务好，然后才是你的用户。

因此定位好自己，有时需要主动做做挡箭牌，而且更多时候需要做得更艺术一些——主动“被做挡箭牌”，这样更能突显裁判的高明。当然，之后需要向裁判暗示你的需求。职场成长是一个交换的过程，所谓“出来混迟早要还的”，裁判也很清楚这一点。

看看“我”的上司给她的回报：“我的上司跟我交流和男友相处的问题的时候，好感基础上的亲近感便自然而然产生了。”在人际方面，两个人关系加强，第一步就是获得较私密的信息共享。与裁判能如此共享信息，其实就是一种关系加强，一种被裁判纳入圈内的表态。只有有了私密信息共享，以后彼此之间才可以做到“心有灵犀”，圈内人才真正形成。

当然了，每个人都不想做领不到情的“挡箭牌”，因此暗示、表达自己需要的能力也是需要的。因为在几次“挡箭”有功的基础上，你需要主动与裁判共享一些信息，一方面表达自己的忠心，另一方面表达自己期望获得的在可控范围内的机会。但这种“共享”过程，不能被看出有“要挟”之意，而要纯粹表现为一种信息共享。

在人际沟通领域有一个理论叫“沟通分析”。这个理论指出人际之间沟通的时候，往往有两个层次，一个表层一个深层。因此，需要通过表层的互动把深层的意思表达出来。这种表层沟通可能是开玩笑，可能是口头禅。

另外，不得不考虑的还有一点，那就是需要给自己准备准备后路：你需要让裁判放心的同时，抓住机会让自己成长。要知道，万一这个裁判是一个会落井下石的主儿，到时卸磨杀驴后悔晚矣。也就是说，你要主动培养自己的内生涯（指专业能力）成长，这个是可控而主动的。为领导工作与博弈的过程往往是被动的外生涯（职位、收入等外在指标）成长。有朝一日内生涯修炼到位的时候，比如你的能力足够强，也许你可以去开创自己的生涯空间。各个领域都有自己的游戏规则，你要么被淘汰，要么去适应，要么够厉害建立自己的游戏规则。但一般情况都是从适应再内生涯成长，再开创个性化的规则的。

好了，既然职场成长过程有时不得不充当替老板做脏活儿挡利箭的角色，那么心态就可以平和一些。不要总是以“领导看我给你挡得怎么样”来邀功，这样反而让人反感。当心态平和之后，就不至于像“我”一样“副总扫我一眼，我都觉得意味深长”。疑邻盗斧讲的就是个道理，当你有这种眼光的时候，你的格局已经提高了，职场成熟度又进一步。

（全球职业规划师　谢伟）

职场上的帮倒忙

故事一 | 热心助人反而伤害了她

三年前，汤灵刚到杂志社时，还是个实习生。

带她的老师是长她七岁的白茹，风风火火，干练热情。那时，汤灵除了书本上的知识，业务几乎一片空白，是白茹手把手地教她采访、写稿、如何与人打交道。实习鉴定上，白茹中肯的评价为汤灵顺利留在这家杂志社加了不少分。对于白茹，汤灵感激在心，她人前人后总是说："没有白姐，就没有我的今天。"

然而最近，汤灵却和白茹疏远了很多，事情要从半年前说起。

白茹笔耕不辍，除了工作，业余时间还在某大型文学网站连载小说。白茹的文字感染力极强，她半自传式的小说，以其真实性很快引起了读者的共鸣。小说不仅被网站作为精华帖置顶，一时间白茹还拥有众多粉丝，以她笔名命名的粉丝 QQ 群就有好几个。

白茹的粉丝中唯一的熟人就是汤灵。

汤灵打从知道的那天起，每天晚上都上线帮白茹顶帖。上班时，只要有空，汤灵就会和白茹讨论小说中的人物、情节，汤灵甚至参与了小说主人公最后结局的设定，而白茹也习惯于从汤灵这里得到第一手的读者反馈。

当白茹的小说写作过半，已有好几家出版单位通过网站来询问她是否愿意出书，汤灵由衷地为她感到高兴，但白茹似乎对这几家出版单位都不感冒，迟迟未作决定。

一次同学聚会，汤灵见到了徐丽。

大学毕业后，徐丽便从事出版工作，如今徐丽已是业内较有名气的出版社 A 社的策划编辑。汤灵不经意提到了白茹的小说，徐丽便敏感地问：“网上的点击率如何？”“现在进行到什么程度？”这连珠炮式的发问提醒了汤灵，她顺势问徐丽：“怎么？你感兴趣？”徐丽微微一笑：“你回去发给我看看吧！”

回到家中，汤灵便第一时间将白茹的小说链接发给了徐丽。汤灵甚至把网上粉丝的评论都精心编辑后附在邮件里。没多久，徐丽回邮件：“我看了小说的前几章，确实不错，周二的选题会我就提交选题报告。”

汤灵很高兴，她觉得如能促成 A 社出版白茹的小说将是一桩美事。一上班，她就把这些信息告诉了白茹。

A 社名声在外，白茹乍一听激动万分，更何况汤灵的踌躇满志、志在必得也感染了她，白茹许诺汤灵，马上调整写作计划，争取早日将完稿拿出来：“不会让你同学等太久！”

那段时间，白茹和汤灵越发亲密无间。等到白茹的小说完稿，汤灵马上发给徐丽，她比白茹更期待徐丽那边的反馈。

但稿子发出去后，一连数周都没有消息。白茹急，汤灵更急，她一面安抚白茹的情绪，另一面不断联系徐丽。

徐丽起初说，下周选题会上就能知道最后消息。没过多久，她又说，社长和总编的意见不太统一，我再去想法子说服他们。她最后一次和汤灵通电话时说："可能白茹的小说和我们社的出版方向不太一致，不过这也不是定论，你再等等我。"

白茹已经有些焦躁了，她的小说自从网上连载以来得到的一直都是叫好声，她不相信也无法接受有人会对她的稿子产生怀疑。

一日，白茹说："我想了想，别让你同学为难了，把我的稿子拿回来吧。"汤灵还想最后努力一下："白姐，别急，我不相信你这么好的文章A社的人欣赏不了！"

汤灵后来深深追悔自己最后的努力，如果那天答应白姐把稿子拿回来，可能最糟糕的情况就不会出现。

那天，汤灵出去办事，突然接到白茹的电话。白茹问："办公室里，有一份徐丽寄给你的快递，看厚度似乎是我的稿子，我能打开看一下吗？"汤灵没怎么想，就答应了。过了一会儿，她觉得不对劲，打电话过去，办公室没人接，再打白茹的手机还是没有接。

她知道出事了。

上班的时候，汤灵发现她的茶杯下压着两张纸，是徐丽写给她的便笺："老同学，对不起，我已经尽力了，还是没能说服总编，随信附上我们社的审稿意见。"汤灵赶紧翻所谓的审稿意见，上面赫然写着"该稿件文笔不佳，文气不畅""主题思想不明确""不予出版"……

一连几周，白茹刻意躲着汤灵，即便见面也只是客气地笑。汤灵知道，白姐不是一个不明事理的人，但那份审稿意见确实伤害了她。

“我们再也回不去了。”汤灵有些责怪自己——如果不是帮了倒忙，也许至今，她和白姐还是半师半友的关系。

故事二 | 为什么倒霉的总是我

时至今日，李小寒仍无法弄清闻瑜的真实动机。

想当初，闻瑜是这家公司第一个向李小寒表示善意的同事。

比如说，李小寒入职开始实习后的第一份报告，在她踌躇着是否合格时，是闻瑜热心地探过头来问：“要不，我帮你看看？”那一刻，李小寒心里的某种东西如玻璃一样轻轻地温存地碎了。

又比如说，李小寒一次抱怨单位的不公，闻瑜却过来轻轻扯了一下她的衣角。事后，闻瑜神秘地说：“你没看见小张在吗？他可是 ×× 的亲信啊！”×× 是单位的高层。李小寒惊叹于单位的水深，从心理上便又靠近了闻瑜些。

一晃数月，李小寒在业务上已经不需要闻瑜的帮助，但闻瑜的帮忙、过问甚至干涉已经成了习惯。

新的考核标准公布后，经理让每个员工每个月交上自己的工作量。李小寒按照发的表格认真填写各项工作成果，这时，闻瑜却在网上和李小寒说：“你上个月去电台帮公司做宣传节目，填到表里了吗？”李小寒一愣，还真没有。她又仔细看了表格，这样的工作量似乎也无处可填，于是她说：“算啦，就当贡献了。”闻瑜却说：“凭什么啊，不能因为单位制度、标准或者表格本身的疏漏，就忽视了你的劳动，你从电台出来都半夜 11 点了，你不写谁知道呢？”李小寒想想也是，这边闻瑜已经传来一个新表格，李小寒接收完打开一看，比办公室主任给的表格还要细致完善，甚至各种工作量旁边还有一栏“备注”。

李小寒感激地向闻瑜发了一个微笑的表情。闻瑜道：“不客气，我就是不想看到你多劳不得。”

等到月末开会的时候，经理对着每人的工作量表评点时，淡淡说了一句，闻瑜和李小寒确实多做了不少工作……

李小寒警觉地看看闻瑜，闻瑜却并不看她，散会后，经理把李小寒和闻瑜叫住。李小寒这才发现闻瑜填的表格和给她的那份一样，经理的话很隐晦，但能听出他的不满，他问李小寒和闻瑜，是不是对公司有意见，额外的工作量要额外的补助呢？

闻瑜事后向李小寒这样说：“本来想力挺你，给你做了表，我也填个类似的好支持你，没想到被经理误解了。”李小寒笑笑，要怪就怪自己拎不清，总不能因为人家帮忙没帮上而心生责怪吧。

再接着是公司的奖励问题。

李小寒因为业绩突出，被公司奖励五千元。等到她领了奖金，神清气爽回到办公室，闻瑜看她时却眼神闪烁，欲言又止，直至一起午饭，闻瑜才神神秘秘地说：“知道秦安琪被奖励什么了吗？去台湾旅游！”李小寒一愣，秦安琪是另一组的同事，和李小寒的业绩相当，据说奖励也是一样的。可为什么她的五千元换成了台湾游？李小寒有些费解。

闻瑜还在补充：“我就是给你提个醒，别经理明明不公，你还觉得他厚待你。”李小寒确实心里不舒服了。这不舒服也一定会找时机爆发。

两个月后，经理和李小寒讨论工作时有些小冲突，经理说：“公司一向对你……”李小寒“哼”了一声，她想起秦安琪的台湾游，不由得新仇旧恨都勾起来：“比起秦安琪呢？您不是还奖励她台湾游吗？”

经理诧异地说：“什么台湾游？”过一会儿反应过来，“公司对秦安琪和你的奖励自始至终都是一样的，秦安琪拿了奖金后，就休假，去台湾旅游——她是如何花这笔钱，自己又自费多少，公司无权过问，你最好找她问清楚。”

李小寒大吃一惊，她最最见不得人的小心眼突然被人看到，而且是无中生有的那种，这让她感到难堪。等到经理叹口气，挥挥手让她出去时，她竟有些无地自容。

闻瑜正拿着文件夹走向经理办公室，她在门口碰到李小寒。李小寒神色窘迫，闻瑜便满脸关切，用文件夹拍拍她：“你怎么了？有什么能帮忙的吗？”

（林特特）

专家点评

好心出手反而落下埋怨
彼此宽容争取实现互惠

生活中，每个人都会给周围人提供一些帮助，也希望能得到别人的帮助。通常情况下，这种帮助能够让关系更加亲密，但是，有时候会出现“好心办坏事”的情况，也就是我们通常说的“帮倒忙”。这时，不仅让被帮助者承受不良后果，也会把助人者置于尴尬境地，结果不再是互惠，而是互损，双方的关系也因此会受到影响。案例中，汤灵与白茹，闻瑜与李小寒之间就属于这种情形。

先说说汤灵与白茹。汤灵希望利用自己同学的力量帮助白茹出书，本意是好的，白茹也很高兴，对成功出版抱有很高的期望。当事情失败，而且得到极其负面的评价时，白茹感到很没面子。这时，她看的只是结果，忽视了汤灵之前的努力。汤灵也感到委屈、后悔，自己的好意反而受到埋怨，她们以后的关系可想而知。在整个过程中，汤灵和白茹都忽视了一个重要因素，那就是事情的结果不在她们的把握之内，成功和失败都有可能。

闻瑜与李小寒之间发生的情况还有些不同。闻瑜的两次“帮倒忙”，主要是因为她为李小寒提供的帮助，没有从李小寒的需要出发，而是源于自己的想法。第一件事，“帮助”李小寒用详细的表格填写工作量，看起来是帮助别人，实际上也是要显示自己，最后两个人都没有好结果；第二件事中的“帮忙”则有“无事生非，挑拨离间”之嫌，本来李小寒得了奖金是好事，挺高兴的，闻瑜利用臆想的事实反而造成了李小寒内心不舒服，最后倒霉的当然是李小寒。

为避免“好心办坏事”，助人者应该注意如下几点：

首先，提供别人真正需要的帮助。

通常情况下，需要什么样的帮助只有本人知道，过于主动地提供帮助可能会出现误解。白茹本来对书稿的自我感觉很好，只是挑剔出版社。因此，如果汤灵利用自己的关系帮助她成功出版，她会认为是正常的；

一旦出现问题，肯定会抱怨汤灵。闻瑜最初的建议和引导帮助李小寒快速适应职场，让李小寒感激不已。后来的两次“帮倒忙”，主要是没有了解李小寒的需要，只是根据自己的想法让别人接受，有引导别人犯错误之嫌。

其次，引导对方降低对成功的预期。

对于没有完成的事，结果是很难预料的，特别是需要第三方提供支持的时候，变化更大。如果汤灵能够让白茹知道，自己的同学仅仅是提交了选题报告，需要领导审批，离真正出版还有一段距离，白茹就不会抱有过高的成功预期。即使最后没有成功，她也不会过于难堪。因此，帮助别人要为自己留点余地，不论看上去多么简单的事情，都要预设最坏的结果，这对自己是一种保护。

最后，不要期待对方的回报。

不管帮助的结果如何，都不要过于看重对方的回报。即使结果是满意的，也要想想对方自身的条件和所做的努力；如果结果不在预想之内，则需要主动承担一些责任，化解对方的情绪。汤灵是真正想帮白茹的，既然最后没有帮上忙，还让白茹受到了伤害，她就应该主动沟通，承认自己的失误，这样白茹的心理会有所安慰，她们的关系也不会受到太大的影响。

不仅助人者需要一些技巧，接受帮助的人也要有良好的心理准备，主要包括：

接纳别人的好意。

当接受别人帮助时，不要过多关注最后的结果。因为结果无法预期，所以不能期望别人帮忙就一定要办成，只要用心了就应该表示感谢。只有这样，才有人愿意为你提供帮助，才可能建立起更好的人际关系。

要宽容对方的错误。

当别人由于种种原因“帮了倒忙”时，不要把自己的情绪向对方渲泄，从自己身上想想原因，就能让自己宽容很多。比如白茹，如果能把失败归于自己的稿子离知名出版社的要求还有差距，应该更加努力，这不仅对自己有好处，也能够让汤灵减少心理压力。

学会区分帮助的性质。

要学会选择性地接受帮助，不要让助人者牵着自己走。对自己将来发展有好处的帮助行为，要乐于接受；而对那些虽然冠以“帮忙”之名，实则另有企图者，也要敢于拒绝。切实从自身需要出发，分清帮助的性质，避免由于别人的“帮忙”给自己造成不必要的伤害。

（北京信息科技大学　廉串德）

为什么被黑的人是我

故事一丨如果同事参了你一本

事情发生之前，打死我都不信世上还有这样的人，尤其还是年龄相仿的同事，她怎么能趁我不在的时候到领导那儿告我的“黑状”呢？

我出差一周，第三天的时候，一个同事深更半夜打来电话：“你知道吗？程菲在你们领导那儿告了你一状！”迷迷糊糊的我瞬间清醒，两秒钟后，我定下神来：“她告我什么？”

同事的话还说没完，我就觉得胸腔膨胀，五脏六腑都“呼之欲出”。平日自诩淑女的我已经顾不上什么形象，粗话脱口而出：“这个小人！”

两个星期前，公司的业务多了起来，领导赶鸭子上架，我们几个新到公司的实习生开始接手做业务，派给我的活儿是约见客户，了解对方的需求，写成书面需求方案上报。

程菲跟我说，因为这个客户比较重要，希望我和晓薇一起做。程菲比我早来几年，只比我大一岁。但晓薇比我来公司还晚，我觉得没什么必要两个人做，但公司素来尊老敬老，我只能表示应允。

跟客户约的是第二天早上九点。8:40，客户公司楼下，我给晓薇打电话。晓薇说："我马上就到，还有几站地。"8:45，她说马上就要下车了，让我再等一会儿。8:50，她主动打给我："你先进去吧。"见到晓薇时，已经是我跟客户握手说再见之后了，她一个劲儿地道歉，说没想到快到了还堵车。

程菲告的"黑状"就是：我"剽窃"了晓薇的劳动成果，需求方案上没有署她的名字。

"难道就因为她大清早赶了一次公交车，我就要在我写的东西上给她署名吗？"我气急败坏地质问深夜给我打电话的同事，好像他就是那个让我蒙冤受屈的恶人。同事显然没料到我有这么过激的反应，赶紧表明立场："哦，哦，原来是这样啊！我就说你不会干这种事。"

同事的声援让我感到些许安慰：没错，这件事，我是一点儿错都没有的。这个心理暗示马上支持我向同事谴责程菲。我一脚蹬掉被子从宾馆的床上跳了下来，抓着电话张牙舞爪地比画着，有伤大雅的肢体语言和恶毒的形容词此时都成了我抒发愤懑的利器。

已经凌晨一点，可我睡意全无，每个脑细胞都活跃在第一线。显然，从天而降的"千古奇冤"让它们亢奋不已。她怎么不经核实就去告状呢？退一万步讲，晓薇自己都没说什么，关她什么事？那她为什么要这么做呢？

我开始痛苦地追根溯源，从叫她"程老师"开始到我们一起相约逛街、吃饭，一年来的大事小事如幻灯片般交织播放。然而，这非但没有让我找到得罪她的蛛丝马迹，反而越发顾影自怜，越发在愤怒中无法自拔。

现在怎么办？一个新人，背着这样的恶名，在公司还能指望得到什么发展？冷静，一定要冷静，现在的当务之急是怎么去领导那儿洗清不白之冤。这个时候，同事马上往后撤了一大步：“千万别说是我告诉你的，不能把我给卖了啊！”

放下电话，辗转反侧。还是睡吧，我跟自己说，养精蓄锐，明天再想。然而，小人、无耻、无中生有、卑鄙，这些字眼儿在脑海中如同并列的弹簧，按一下反而蹦得更高，痛苦引发的心绞痛与“沉冤必须得雪”的斗志交杂反复，折磨得我无法入睡。

第二天一睁眼，昨晚的悲惨经历就在脑海里盘桓，我再次陷入焦灼中。出差回来的路上，我已经放弃了对程菲的声讨，毕竟，如何补救要来得更重要。

回去之后找晓薇谈及此事。她觉得程菲此举同样陷她于不义，但既然我们之间没有误会，她也犯不着为了我做个义薄云天的“侠女”。她只能在道义上支持我，听我抱怨一下程菲的举动。

或者，我可以冲到程菲面前，指着她的鼻子大骂一通？这是最解我心头恨的做法，但刚进公司就树下死敌显然不是明智之举。要不，直接找领导开诚布公地谈？可我又不能害了那位好心的同事，这样做肯定不行。

我突然体会到了笼中困兽的绝望，刹那间，悲天悯人之情涌上心头，含冤受屈却无法自救，牢笼里的老虎狮子该多难受啊？

可笼子里的日子还得过。程菲依旧跟没事儿似的嘘寒问暖，我也不得不“嗯”“呀”地应付；见到领导，我直骂自己不会察言观色，不然，好歹也能从领导的只言片语中探个虚实。

回来已经一周了，领导那里风平浪静，我却害了“相思病”。每天，我总是欣喜地看他从办公室出来，充满期待地偷偷瞄一眼他的“行进”方向，再失望地目送他从我的座位旁走过。

对公司而言，新人冒功，无论如何不该放任。我开始盼望每月的例会，既然领导没有选择跟我面谈，那他一定会不点名地指出这个问题。这样，我就可以光明正大地冲进他的办公室，声情并茂地讲述我的冤屈史，彻底治愈我的“相思病”。

第二个月的例会依旧如常，我心不在焉地听完下个月的方案计划，热切地等待着领导的结束语。然而，领导环顾四周后只说了一句话：“没别的事儿散会。”领导话音未落，我的情绪已经一落千丈，望穿秋水的例会竟然就这样结束了？

我贼心不死，缓缓地收拾东西，试图跟领导单独相处：没准儿等别人都走了，他又突然想起来了呢？但是，直到会议室走得剩我一个人，这种美好的愿望也没能变成现实。

天哪，我还能有什么别的指望吗？

故事二 | 前辈给我上了一课

都说社会是个大课堂，在这个大课堂里给我上第一课的是单位里的一个前辈。

大学毕业后我到某中央机关下属的事业单位，从实习生做起，过起了朝九晚五的日子。事业单位总还有些机关的做派，人际关系很复杂，但我总想，自己只是一个刚毕业的学生，一无背景，二无资历，只要老老实实干好分内的活儿，应该不会惹上什么是非，后来发现这种想法太天真了。

我们科人不多，加上我只有四个人，一个科长三个兵，都是女人。平日里打水、搞卫生、拿报纸自然由我一人承担了，加班、值班我也负担了大半，谁让我的资历最浅呢。

陈科长把我的表现都看在眼里，对我很赞赏。但很快我就感觉到，这并非好事。和我邻桌的赵姐比我大六七岁，有一对笑眼，对我也比较照顾，经常语重心长地告诫我：“我这人吃亏就吃在成熟晚，刚工作的时候什么‘事’都不懂，你一定要吸取我的教训啊！”

自从陈科长在季度总结会上表扬了我之后，赵姐对我的态度却有了明显变化，笑眼变成了“斜眼”，说话也是阴阳怪气的，总觉得话里有话。科里爱传闲话的王姐暗中提醒我，陈科长和赵姐关系不和已经很多年了。日子久了，我感到自己被夹在这两个女人中间，有些喘不上气来。

年终单位照例要做总结、评优选先。我最怕的事情还是发生了：科室上报先进的时候，陈科长把我的名字报上去了，从此赵姐和我的关系也彻底崩溃了。其实论资历和业务能力，赵姐都在我之上，但是工作这么多年，她一次先进也没评上过，就因为她和陈科长关系不和。

我主动找到陈科长，说：“我资历太浅，工作上也还没出什么成绩，这个先进还是给赵姐吧。”陈科长脸色一沉：“评先进可不能论资排辈，上面的领导也对你的工作很认可，你不要有压力。”

表彰大会上，我惴惴不安地上台领奖，只见台下赵姐的脸色比主席桌上的绿色台布还难看。200 元先进奖虽然不多却不敢揣进腰包，就用这钱请科里的同事吃顿饭吧。赵姐头也不抬："我家里有事，就不去了。"然后拖长了声音："谢谢啊……"下班了，我刚背起包，隐约听到身后赵姐的声音："装什么好人呀，谁吃你这一套！"

如果事情到此为止，我对赵姐还有一些歉意。但是以后发生的事，却让我对她的人品产生了怀疑。

评先进的风波平息以后，"成熟晚"的赵姐好像突然开了窍。虽然她和陈科长的关系一直没有好转，却同分管我们科的上级领导，也就是陈科长的顶头上司许主任走得越来越近。许主任的女儿眼睛不适，赵姐马上发动关系，费了九牛二虎之力才帮许主任挂上了同仁医院的专家号；许主任听说某小学的奥数班不错，赵姐又托亲戚找朋友，最后总算拿到了一个名额。两家很快建立起"深厚"的感情，许主任的千金每次来单位都只找"赵阿姨"。

当赵姐把准备做足之后，机会果真就来了。

陈科长的母亲中风需要人照顾，我们科又经常要加班，所以她向单位申请调换到工作相对轻松的工会，走之前向上级领导力推我接她的班。听到这个消息，我却一点儿也高兴不起来，只是隐隐有种不祥的预感。上次评先进赵姐已经同我结下恩怨，现在让我做科长，我真是不敢再想下去……

世上没有不透风的墙，很快就有好事者向我"道喜"，说关于我的任命马上就要下来了。消息传开，科里的气氛也变得很紧张。但是这次赵姐平静得出奇，没有给我脸色，也没有说怪话。

任命终于下来了，出乎大家意料的是，被任命的科长是赵姐。我有种如释重负的感觉，我想赵姐当上了科长，以后对我的态度应该有所改善了，但我又天真了。

赵姐上任之后可谓春风得意。先是科里由原来的四个人扩充为十个人，接着单位分房她分得了三居室，之后年终立功受奖她也榜上有名……接连不断的好事并没有让赵姐忘记曾经的那些“过节儿”。

有一天，我忽然意识到自己被边缘化了，昔日领导眼中的业务骨干，现在却莫名其妙成了科里最差的那一个。新来的同事也为了讨好赵姐而疏远我。有时候看着赵姐和同事们打成一片的样子，我不禁感慨，还是那双弯弯的笑眼，还是那些曾经温暖过我的话语，怎么现在感觉不一样了呢？

一年前，我申请调换到别的科室，尽管一切要从零开始，但压抑许久的我终于得到了解放。

一天，一个同事很神秘地挽住我的胳膊，凑到我的耳边说：“你知道当年为什么没有提拔你当科长吗？”不等我回答，她已经迫不及待地公布答案了：“是赵！她跑到许主任办公室里又哭又闹，说了你很多坏话。许主任一个男同志哪受得了这个，当时就听信了她的一面之词，气得差点儿就要开除你呢，后来没有给你处分已经是万幸了。”

我一时惊得无语，我想不明白赵姐的眼泪是如何酝酿出来的，也想不出赵姐给我编造出怎样莫须有的“罪行”，会让许主任如此愤怒。但是我不得不承认，她给我上了一课，而且如此“声情并茂”。

（倪岚　灵雨）

专家点评

工作游戏隐藏物质心理基础
同事角力破坏公平竞争环境

上述两个“办公室陷害”的案例，也可以说是“办公室政治”的具体表现，相信很多人都会产生共鸣，既是为受害者感到不平，也会不由自主地联想到自己职场中遇到的不公与委屈。然而，细品起来，这种“工作游戏”的背后却隐藏着深层次的物质和心理基础。

从物质层面讲，由于职位、薪酬、荣誉等社会资源的有限性，竞争存在于方方面面，“办公室陷害”只是人们在职场中争夺社会资源的一种竞争方式罢了；从心理层面讲，人们在社会中是通过不断与他人比较而体现自我价值的，增强自身能力、提高自身素养是体现自我价值的一种方式，然而不能排除另一种方式，就是通过贬低、打压别人而显示自己，正是这种方式，导致了职场中复杂的人际关系。

综观“办公室陷害”的表现，可谓多种多样，从“陷害”内容的角度，可以简要地归结为三种类型：

一是“无中生有”型。为了某种不可告人的目的，无端地编造谣言，让当事人蒙冤。这是最让当事人恨的陷害方式，这种方式会导致陷害者与被陷害者之间很深的冲突，可能对正常的工作产生极其消极的影响，甚至导致两人反目成仇，影响日常生活。

二是“添油加醋”型。根据自身的要求，把当事人做过的某些事情进行片面的夸大，刻意突出某个敏感的观点，让别人对当事人产生不良的看法。这是职场中最常见的“陷害”，由于陷害者的传言有一定的现实依据，使得被陷害者通常有口说不清，只能背地里郁闷。这样一种不能当面对质的情况，会导致两人强烈的内心冲突，造成“面和心不和”。

三是“打小报告”型。当事人在某种情境下，可能说了一些过激的话，或是表达了对领导或同事的不满，过不了多久，这些话就传到那些人的耳朵里，使当事人面临尴尬。这是一种最轻度的“陷害”，但是通常会让被陷害者为自己说过的话而后悔，但也会把内心的不安指向陷害者，导致人际关系不和谐。

“办公室陷害”的表现多种多样，负面影响显而易见。对于被陷害者来说，精神上、物质上受到伤害是毋庸置疑的；对于陷害者来说，也不一定绝对获益。虽然“陷害”别人可能会获得某种意义上的收益，但是以“陷害”别人的方式体现自我价值的人，通常对自身的能力缺乏自信。“陷害”别人，同样担心别人会“陷害”自己。这样，陷害者把自己的命运交给了环境，成天担惊受怕、杯弓蛇影，久而久之不仅会形成多疑的个性，还会让自己失去信任、失去朋友，从而丧失生活和工作的乐趣。再者，“办公室陷害”对单位的整体绩效也会产生不良的影响。如果单位内部养成一种通过陷害别人提升自我的风气，就没有人会通过自身的努力争取成功了。“办公室陷害”是对公平竞争的一种破坏。

各种各样的“办公室陷害”虽有一定的基础，但职场环境和个人素质对“办公室陷害”是有一定限制作用的。

从职场环境方面来讲，和谐愉快的工作氛围可以对抗“办公室陷害”的出现。首先，环境的和谐可以减少同事相互陷害的诱因。正当手段获得的利益让人产生的成就感，远远高过“陷害”别人取得的蝇头小利；

其次，和谐的环境通常会让同事与上下级间的人际关系简单、透明，“陷害”别人也就破坏了形成和谐环境的土壤。

最后，从个人素质方面来讲，作为陷害他人者，只要个人内在素质不断提高，“陷害”他人的“需求”也就不断减小，因为他们不再需要通过打压别人来寻找自身价值；作为被陷害者，个人内在素质越高，应对“陷害”的能力越强，处理人际关系的能力越好，他们一方面会减少遇到“办公室陷害”的可能，另一方面，面对陷害，他们也能够通过自身内部的力量化解外界的干扰，不会因陷害而否定自我，从而对工作和生活丧失信心。

总之，“办公室陷害”作为“办公室政治”的一部分，是每个人都要面对的现象，由于工作环境的差异，人们遇到的情况也各有不同。但是，“物竞天择，适者生存”的道理告诉我们，只有放弃无谓的抱怨，不断提升自身素质，勇敢面对生活，适应职场环境，才能为自己的职业生涯铺就一条精彩的道路。

（北京信息科技大学　廉串德）

受伤总是难免的

故事一丨最大的伤害来自最信任的人

身为一名在职场上摸爬滚打多年的老兵，李瑶对工作上的大小伤害已经麻木了，“明枪暗箭那么多，谁没有中弹的时候？”但她印象最深刻的一回，是初涉职场那会儿，“因为是被最信任的人伤害，所以刻骨铭心。”

当年李瑶以省财经学院优秀毕业生的身份，来到这家银行的国际业务部实习时，她的上司王科长热情洋溢地说了一大堆鼓励表扬的话，诸如优秀人才、寄予厚望之类。刚开始工作，李瑶有什么不懂的，王科长也会非常热心地亲自过来指点。有时候中午在食堂吃饭，别的科室的人来打招呼，王科长还特意给大家介绍：“李瑶，省财经的高材生哦，我可是一眼看中她的。”李瑶笑眯眯的，心里很是感激。

后来新人们去省行参加培训，李瑶因为表现优异得到了领导表扬，她第一时间就向王科长作了汇报。科长也高兴，又说了一堆“我看好你”

之类鼓励的话。李瑶觉得职场温暖如家，工作上也格外卖力。

如果不是后来发生的那件事，李瑶觉得她和王科长会是工作上最默契的上司和下属，生活里最亲近的大姐和小妹。

事情的起因是李瑶犯错了。因为一个小小的疏忽，她在做外汇汇款入账时，误将五万美元汇到另一个同名同姓的客户账号。发现错误后，李瑶立刻联系客户退款，结果对方根本不搭理，也不愿退款。

第一次犯错，还是五万美元这么大的金额，李瑶顿时紧张得不知所措。她第一时间向王科长求助。

王科长当然没有好脸色。先是批评："怎么这么不小心，怎么不确认？"然后叮嘱李瑶盯住那个收了款的客户，"死盯他，必须把钱退回来！"

李瑶回到办公室就不停地给客户打电话，但对方一开始说开会，后来又说外出，再后来干脆把手机关了。

李瑶急得像热锅上的蚂蚁，只好又向王科长求助。王科长还是那句话，死盯他，明天接着盯。

第二天李瑶一到办公室，就有同事告诉她，王科长临时出差了，"早上来的电话，说去乡下调研了。"李瑶顿时傻眼了："她不是说好下周才去吗？""说下周有事，所以改今天了。"这时候还有什么比追款更火烧眉头的事儿？同事无比同情地看着李瑶摇摇头，言下之意很明显：烂摊子要你自己收拾呢。

李瑶觉得那是她入行以来最黑暗的一天，她充满绝望地坐在办公桌前，提心吊胆，不知结果如何。她不停地给客户打电话，但对方怎么都不接。应收款人不停地打电话来，一听没结果就破口大骂。李瑶无助地给王科长打电话、发短信，但手机没人接，短信石沉大海。

在被应收款人又一次骂得狗血喷头后，李瑶终于崩溃了，挂了电话就噼里啪啦地掉眼泪。同事们纷纷过来安慰，有年长的同事出主意说，事到如今只能惊动领导了，你去找处长吧。

没辙，不想让领导知道是不可能的。李瑶红着眼睛去向处长求助。处长倒没怎么严厉责备，他让李瑶先回办公室，有消息会通知她。

中午，处长告诉李瑶，对方始终不接电话，必须到他的公司蹲点了。于是两人立马去了对方公司。在几个小时的等待中，处长又动用各种关系找人。终于，傍晚的时候，客户出现了。道歉、恳求，晓之以理，动之以情，磨了很久，客户最终同意把误收款退了回来。

各种批评教育免不了，出了错扣奖金也是应该。因为惊动了处长，别的科室的人也都知道了。中午去食堂吃饭，同事们全是同情安慰的眼神。“到底是自己犯的错，所以也没什么好说的。”李瑶心里还是很感激处长帮忙的。

过了两天，李瑶正在忙着工作，王科长春风满面地回来了。见了李瑶，科长一脸关切地问事情处理得怎样了。李瑶说报告给处长，已经一起把款追回了。王科长笑眯眯地道：那就好。

李瑶忍不住说：我给您打过好几次电话，也发了短信。王科长一脸惊奇：是吗，我一个都没有收到呢。转头她就拎出一大袋土特产招呼大家去了。

此后一切似旧。王科长偶尔也还会夸李瑶聪明优秀。李瑶安静地笑笑，心里明白，她对王科长的那种信任和亲近已经荡然无存了。

“碰到个没有责任感且耍无赖的直属领导很悲哀是不是？”李瑶说。

但这事儿也不是全盘糟，李瑶因此在业务上精益求精，也格外小心谨慎，“职场这种地方，别人帮你分忧解难不是分内的事，最好还是自己功夫硬。”所以后来即便在省行技能大赛拿了奖，李瑶也未敢对业务有丝毫的松懈。

一年后，王科长跳了槽，业务骨干李瑶顺利上位。因为自己有过经历，所以李瑶对新人犯的错尽量理解宽容，也愿意伸出援手。

她深知那种被最信赖的人伤害的滋味。

故事二 | 置身事外仍躲不过权力斗争

经理告诉黄铮，酒店式公寓的项目转交陈勇负责，理由是“他跟客户熟”。黄铮愣了愣，啥也没说。这是个早就可以预见的结果。自作自受啊，黄铮在心里叹气，当初她就该扔下手上的工作，跟着老赵一起走才对。

几个月前，黄铮的顶头上司老赵跳槽了。这似乎是早晚的事情。公司的人都知道，在企划部，老赵各方面的能力都要比经理强。只不过经理是靠裙带关系上位的，动不得。一山难容二虎，在屡屡因工作发生争执后，老赵选择了跳槽，不仅自己走了，还带走了团队骨干，以及一批客户资源。

黄铮没走，这是最令人意外的结果。她从作为实习生入职起就一直跟着老赵，算是他的得意门生了。老赵被拒绝时那一脸的惊讶和失望，令黄铮颇感愧疚。

黄铮有自己的考虑。一来，手上的项目正如火如荼，就这么扔下不管，对客户太不负责。二来，现在这家地产公司在业内属于第一阶梯，薪酬福利都不错，离家又近；而老赵要去的那家公司刚成立不久，前途未卜。

这时焦头烂额的经理找黄铮长谈了一次，推心置腹地夸她是个人才，创意风格都很有特色。“他们走了也是个机会啊。”经理说，“你们这些小朋友的表现，老总都看在眼里，所以会很快把你们都升为主任。”

如此一来，黄铮留下的心就更坚定了，做生不如做熟啊，她这么没有野心的人，做好分内工作就好了，权力斗争啥的跟她没关系。

果然，老赵等人一走，黄铮和陈勇等小字辈就顺利升级了。人心得到了安抚，人事部再招些新人进来，企划部的各种工作又按部就班地进行了。

但安稳和睦的日子并没有持续太久。随着部门的愈发稳定，经理对黄铮的工作也越来越挑剔了。

黄铮的风格随老赵，做方案时喜欢找出明确的卖点，用跳跃的色彩来突出效果和主题。经理走小清新路线，喜欢用唯美的画面，但概念模糊。老赵和经理的很多争执就是因此而产生的，只是老赵比较强势，创意水平也高，所以更能得到公司其他部门的支持。

黄铮没太多考虑这个问题的另一个原因是，在她升任主任后最初的一两个月里，经理也是相当认同她的风格的。

但现在，评审会上，黄铮的方案屡屡被批评，比如太夸张，不符合目标客户品位等。业务讨论会上，经理也会明里暗里地用贬低黄铮的方式，来标榜自己的风格。

“当初把某些人升级为主任，是有些拔苗助长了。”在最近一次的业务会上，经理如是说。黄铮当时脸色就黑了，可一肚子怒气只能隐忍不发。今时不同往日，没有了老赵的抗衡，经理在部门的老大地位固若金汤，小字辈们全唯他马首是瞻呢。

这次突然被撤掉手上的项目，是对黄铮最大的打击。她一直觉得自己当初不跟老赵走是正确的决定，没想到残酷的现实却扇了她一个大耳光。

后来有其他部门的同事私下跟黄铮说，她被架空是可以想见的。“其实风格不合什么的，都是借口。你是老赵一手带出来的，就算自己想置身事外，也早已被打上了‘赵派’的标签。当初经理留你，不过是为了稳定军心，现在江山稳定了，自然就要开始削弱能人的势力了，怕你发展成第二个老赵呢。”

过河拆桥。黄铮突然觉得很悲哀，她一直对工作尽心尽力，事业上亦无太大的野心，未想一个无意权力斗争的人，最终还是躲不过棋子的命运，沦为权力斗争的炮灰。

（林蔚）

专家点评

积极面对敢于承担后果
梳理情绪力求正向转化

记得在一篇文章中看到，当小孩子受伤时，家长在处理好伤口之后，可以把包扎伤口的绷带系个蝴蝶结，帮助小朋友去体验自我疗愈和成长

的力量。这是一种赋予生命力量的伤口处理方法，职场也是一样——感觉到痛，才有机会把伤害转化为成长。

在职场中受伤害是难免的。人和人总有不同的性格和行为方式，只要有差异就会产生摩擦，亲兄弟尚且如此，更何况是来自天南海北的陌生人。当然，有些因为利益纠葛而引发的故意伤害更令人心寒，于是人们总结了很多“金科玉律”来预防它的发生，比如少说多做，提防比你高半级的领导,同级永远是天然的敌人等。这些方法有很重要的提示作用，尤其对职场新人来说，更是宝贵的经验。

但从另一个方面来讲，每一种方法都有它适合的、特定的背景条件。方法是死的，而职场是变化的，有时也很难说遵从了一种方法就真的能躲过某个伤害。比如黄铮，她在做选择时，一定知道“站对队比做对事更重要”之类的话语，但在实际情况中，还是很难去把握当时如何做才是“正确”的决定。更何况，要是我们天天活在提醒中，身心随时随地处于紧张状态，又何尝不是一种伤害?

影响一个人在职场中发展的，不是伤害本身，而是对伤害的反应。所以，与其小心提防，不如积极面对。所谓积极面对，首先是要承担自己做事的后果。正如李瑶所说“到底是自己犯的错，所以也没什么好说的”。一旦有了这种承担后果的勇气就会明白，有人帮忙是福，没人救急也没什么可抱怨的。遇到紧急情况，人最容易出现的就是抱怨，其实，再多的抱怨也于事无补，只会让自己更加心烦。抱怨不仅会加重负面情绪，还会将一个人的注意力引向外部，把责任推向别人，把自己变成受害者——受害者的心态会让人感觉无力，回避责任，从而失去学习和成长的机会。

积极面对也意味着不逃避那些痛的情绪，允许这些情绪存在，感受它们所带来的信息。通常来说，伤害分为两种，一种是应激性的，比如被信任的人欺骗而感到愤怒，这些情绪是正常的；但如果愤怒到要报复，那么这说明事件本身触动了一个人内心某种未完成的情结，造成了另一种更深刻的伤害。

虽然伤痛令人不舒服，但是对伤痛的承担和积极转化可以让一个人的生命变得更为丰厚。对于应激性的伤害，情绪释放之后，正向的转化更容易形成。故事中的李瑶就很好地从伤害中学习到，无论何时业务都不可松懈，要对自己的行为负责，并且她也会在日后的工作中更能理解下属。设想一下，如果她始终怀着对领导的抱怨和愤怒，那么这个正向学习的过程可能会很艰难——也许她学习到的是再也不要信任别人，或者再也不愿帮助别人。不同的态度会造就不同的职场道路，也势必影响到走在这条路上的人内心是否幸福。因此，这种情绪的转化很重要。

如果一个人受的伤害是因为触发了内在的未完成情结，那么当务之急就是要觉察这个情结到底是什么。未完成情结像一幅心理地图，控制着一个人的反应和行为模式，我们做的很多事都只不过是在下意识地重复这个心理地图而已。但对其觉察之后，心理地图就有可能被重新构建，下次再面临类似的情形，我们的反应就会不同，事情就会出现不同的可能性——在职场中，这样的觉察会让一个人的事业发展出现转机。对于未完成情结的重新修通，要视其严重程度，有时需要生涯咨询或心理咨询的介入。

（全球职业规划师　杨开）

实习备忘录

1. 提供别人真正需要的帮助，引导对方降低对成功的预期，不要期待对方的回报。
2. 不过于期望“一鸣惊人”，就不容易“一蹶不振”。
3. 职场上难免替人受过，不妨心态放平、眼光放远。
4. 应对职场“陷害”，应着眼于自身素质的提高，放弃无谓的抱怨。
5. 职场伤害，与其小心提防，不如积极面对，承担自己做事的后果，也不逃避那些痛的情绪。

5 知道你的老板在“潜水”吗

想要在实习期间开放自己，打破自己的心墙和防卫，克服与人保持距离的习性，赢得别人的肯定，我们可以多做事少说话，那可以从另一个角度展示自己；我们可以分享自己的观点和感受，那可以帮助别人走近自己；我们还可以自嘲，那是幽默的最高境界。总之，那些期待和渴望，我们可以用很多既好且安全的方式来满足。

为何别人把我当空气

故事一丨不知不觉被集体甩了下来

俞江看上去是个很不错的青年，名校毕业、长相英俊，还很喜欢收拾自己，烫着微卷的头发，穿着玫红色的针织衫，很是有型。

俞江也觉得凭借自己的硬件软件怎么也能在单位博个好人缘，起码在女同事当中。但工作三年了，他至今孑然一身不说，始终没有跟哪个同事走得很近，有时候他就像一个多余的人，不，是一个可有可无的人，难以吸引到别人的注意力。

俞江在一家国企任职，他所在的部门是最重要而且人数最多的部门，说白了就是跑业务的。同事间虽然有些竞争，但因有很多人只是谋个职位，竞争并不激烈。同事之间隔三岔五地就一起吃饭、K 歌、玩“三国杀”。

和他同期进来的几个男生，一个瘦得很，经常好几天穿同一件衣服；另一个是拼命三郎，在办公室基本看不到影儿；还有一个小跟班，经常围着他们转。另外三个是女生，一个比一个标致。

刚进单位的时候，实习不到一个月，几个同期进来的同事说好出去开心一下，俞江很兴奋。但去哪儿吃饭成了个难题，他和女生一起讨论吃什么好，西餐、中餐，另三个男生就等他们的结果。俞江觉得怎么都不满意，因为他想去吃自助餐很久了，最后在他的极力怂恿之下，大家决定去俞江推荐的那家饭店吃自助餐。

自助餐需要提前订位，俞江说，下午我妈妈过来，我要陪她去看病，你们谁订一下吧。说完就走了。他不知道的是，瘦瘦的小凡找电话、打电话、查坐车路线，忙了一下午。

傍晚出发，大家都到齐了，又等了他半个多小时。女生晓眉有点儿看不过去：“自己说的要早点出发，人少点，自己倒迟到那么久……”

“路上有点堵车，我也不想迟到。”这个借口很百搭，以后在各种迟到场合下，他几乎都用这个，到后来，有的人不想再听到这样不负责任的解释，渐渐不再和他一起出去玩。

他逐渐脱离出原本七个人的圈子。同事出去 K 歌，总是忘了叫他，吃饭也总是找他值班的时候，偶尔在办公室一块泡茶也都躲着他。

觉察出这种刻意的疏远，俞江一气之下搬到了隔壁的小办公室，跟管杂务的大姐们一块待着，但大办公室里的一些活动也从此与他绝缘。一些避免不了的会上，比如年会，就会成为他的尴尬之时：一个同事被叫了大半年的外号他都不知道，同事生孩子了，乃至领导生了场大病都从来没人告诉他。

更可气的是，同一个办公室的大姐们，明知道这些事也不告诉他。

一年过去了，他想从新进来的同事那里寻找一些支持，但过了一阵，他就发现，连新人也不怎么理他。他难以接受，却无可奈何。直到有一天，他听到了一段对话。

新人露露对晓眉说："今天俞江让我帮他联系一个客户，说是帮我适应工作，可这明明是他的任务……"

晓眉冷笑了一下，说："这个人，你可以看看，单位有几个人跟他说话。"

"一起吃饭，永远都是'你帮我先付，我改天给你'，这个'改天'，你不去催是永远不会到来的；分摊费用，摊不平的时候，他永远少出一两块钱；有什么公共事务要一起做，他宁愿让女生伸手，也懒得动根手指头；天天把精神理想放在嘴边，却比女生还关注百货的打折信息……一个字，作；三个字，受不了。这种人，你理他他还顺着竿子往上爬，让他自己冷着，反省反省吧。"

俞江很想冲过去回击，但又不想丢面子，只好装作没听见，默默走开。只是一年后的现在，他仍然是一个人，独来独往。他的个性签名也总是和孤单有关。

故事二 | 他好像一直就没有开窍

孙伟明个性比俞江要可爱得多，办公室的卫生主动打扫，同事缺个啥小物件他都会主动提供，有人需要代班，他是第一人选。

就这么个人，却总是容易被忽略。部门同事一起出去，他被落下了也没人发现；有那么几回开会，连他的名字都没点到。

在新一批同事到来之前，孙伟明是整个部门里最小的，资历也相应最浅。一开始，他都管同事叫老师，他们则叫他小孙。待了几个月后，他也和其他同事一样，老李、崔哥地叫，他们还是叫他小孙。

孙伟明所在的是公司的企划部门，经常要开创意选题会。开会前，他会电话通知所有同事，给每个人摆上一杯茶。领导还没有开口，他就把当天需要准备的材料送了进来。

会上，每个人都要先谈谈自己的一个策划案，现场讨论谁的更优，再逐一分工去完成。老李和崔哥谈自己的想法都很随意，但只要他们说出来，小孙都会附和一句“这样很好”或者“这么做很对”。有时候领导会抬眼看他一下，想说什么又只好咽下去不说了。

轮到他讲自己的创意，他也试着像前辈们那样用讲故事的形式说出来，可铺垫太长，往往说到一半就被主任打断：“后面呢？你直接说重点。”

实习快满一年，部门进来几个新同事。新同事缺了什么办公用品，他就直接把自己的给他们，或者帮他们去领。

一次，另外一家公司承办了他们部门的一个活动，他负责和对方接洽。没想到，活动现场出了点事，需要人去协助，接到对方负责人的电话，他二话不说准备过去帮忙。新来的一个同事阻止了他：“他们拿了我们的钱，就应该提供优质的服务，你不应该去，这不是你的职责。”

事实证明，没有他的帮助，活动仍然圆满结束。

事后他才知道，因为在接洽的过程中，对方觉得他处处为他们考虑，所以一些本该他们考虑的细节，比如为与会代表准备茶水等，就都寄希望于他会准备，结果出了差错。因为这些小事，孙伟明和对方的负责人都被各自的领导委婉地批评了。

孙伟明从来没发现自己是个很能终结一个话题的人。有时候同事八卦某明星的隐私，他会很热情地说出“如果有一个明星亲戚应该也是很好的事情”这样不着调的话来。

就算是讨论业务，他的回答也往往跳出讨论的中心。例如他们讨论某产品被一个并不出名的排行榜排在第一名，有同事说：“太讽刺了，这样没有竞争力的排名也拿出来吹嘘。”也有的说：“明眼人一看都知道有鬼。”有人觉得它也有可取之处。孙伟明的观点是：“排行榜都是排名者为了炒作自己推出的。”顿时 QQ 群里一片死寂。

再遇到这种情况，他的话就直接被淹没在不断更新的口水里。

豆豆是孙伟明的新同事，因为他总是会借订书机一类的东西给她，她有时候会刻意照顾他的情绪，帮他圆圆场。有一次单独吃饭，她跟他说，尽量不要用降调的肯定语气评价一个人或一件事，不然很难让人接下话茬儿。

他不假思索地用他的降调音说：“你说的是对的。”随后补充一句，“你的观察还是很仔细的。”豆豆无话可说，只好埋头吃饭。她从来没觉得跟一个人吃饭是这么无味的事情。

豆豆后来跟崔哥闲谈说起过孙伟明，崔哥说，我也跟他说过很多遍，在工作上要多用功，但他好像一直就没有开窍，说话永远抓不住重点，搞不清楚自己的工作定位，尽在一些不重要的地方使力。

老李觉得，小孙有自己独特的一套思维体系，外人怎么开导也是没用的，就像凤姐永远不会觉得自己不漂亮。最好的办法就是，尽量少接触。

（白鹭）

专家点评

张扬个性别忘遵循规则
拿捏尺度尽量融入团队

这个时代，我们一直在张扬“个性”，仿佛我们的个性已经被压抑了多年，从来没有像现在这样奔放。在我们“史无前例”地张扬个性的时候，很多时候却忘记了人是群居动物，忘记了有些规则是必须要遵守的。

有这样一部分职场边缘人，感叹自己“命运悲苦”，在他们身后，我们看到的是一堵坚实的墙，这堵墙的名字叫作“个性”。正是这样的墙，把自己的心灵隔绝在孤堡当中，表面看，和外界距离不远，似乎伸手可以触摸到，但是却无法融入，靠近的只是一抹剪影。于是，他们不情愿地成了“透明人”。归根结底，是个性和群体相处关系的尺度没有把握好。

当个性变成了尖锐的棱角，刺向你身边的人时，只会让你周围的人退到安全距离以外。前面例子中的俞江，为什么成了一个可有可无的人？是由于自己的个性造成了今天的结果。几个同期进来的同事出去聚会，本来是有效沟通的好机会，也是积极建立人际关系的良好机会，但是俞江是怎么做的呢？他没有问周围人的需求，只是从自己的角度出发，说服大家听从他的安排。这也罢了，事情总要有始有终，既然是他提议去吃自助，自然是他去订位子，可是他没做，也没有客气地请别人帮忙，集合的时候还因为“堵车”迟到了。说到底，大家都是聪明人，谁的智商都不差，一次两次，勉强应付过关，但是继续敷衍的结果就是让人对你的信用产生质疑。当信用破产的时候，也就是众人离你而去的时候。这样的以自我为中心，可谓“个性”之极，莫非他以为地球绕着自己转吗？

至于晓眉对俞江的评价，即使不完全客观，即使夹杂了很多个人情绪，也足以说明问题：俞江的个性实在不招人喜欢。也许俞江根本没有意识到这些鸡毛蒜皮有多么严重，但的确给同事留下了“难以磨灭”的印象。最后，俞江并没有采取有效的措施去拔掉身上的刺，他选择了保持个性，却失去了群体。“独来独往”“孤单”是他的生活、工作状况的真实写照。这是他自己的选择，因为没有发自内心的力量去审视与反省，更不要说付诸实践。

如果说个性太强了，变成了刺猬，那么没有个性行不行呢？答案是——不行！虽然，群体里需要的是包容，是彼此的谦让，但是不要忘记，群体之所以有力量，是因为每个个体都是力量的源泉；群体之所以有活力，是因为个体恪守着自己的界限，使系统达到一个平衡。因为相似的背景、相同的目的，使不同的个体聚集在一起，形成了群体。

文中的孙伟明在某些场合下的确表现得“太没有个性”。比如，他谈自己的创意，这是非常需要张扬“个性”的场合，可是他却要模仿前辈们那样用讲故事的形式进行，结果变成了“东施效颦”，这样的做法，压抑了自己的个性，没有做到扬长避短。还有的场合，孙伟明过于“乐于助人”而忽视自己的“个性”，没有掌握好自己的界限，做了很多本应别人做的事情。虽然助人为乐是美德，但在职场中，职业化的做法更有助于职业发展——这并不是抹煞我们心中的善念，而是从一个尺度的把握上来衡量个性要收敛的程度。

其实，关于个性的讨论已经很多年，却还是有各种各样新的问题出现。很多时候我们依然拿捏不准个性的尺度。个性，有其独特性，但是当我们要和别人打交道时，这个显示我们独特性的特质就应该能伸能缩，还能变成各种形状。正如案例中的孙伟明，别人的评价是“有自己独特的一套思维体系”，似乎他说话总也说不到点子上，这也正说明了融合的问题。到底我们的个性在人际交往中保留多少？卓尔不群、鹤立鸡群不好吗？事实证明，如果你不能用你非凡的能力征服别人，还是尽量融入团队比较好，这就更加证明了在群体中保持思维与众人一致、在一致性中保留个性，这样的思维习惯是多么有效。

如果用自然界的一种物质来形容个性，最恰当的就是水了。激烈的时候汹涌澎湃，沉静的时候温婉缓和，无论有没有个性，个性张扬到什么时候，水，都能屈能伸，能依外部的环境而变化。“职场透明人”，要把禁锢自己的孤堡化为水，虽然也透明，却力量无穷。

（浙江工商大学杭州商学院教师、职业规划师　来半分）

人见人怕的“祥林嫂”

故事一 | 例会成了私事曝光会

姜晓亮原本挺喜欢每周三的例会。杨副局长是单位里出了名的“闲聊高手”。每次例会见缝插针，从大领导到小保安，同事们的生活小事信手拈来，随便一编排就是个段子。

“昨晚会餐前闲着没事，叫经理假装纪委给陈书记打电话。你好，是陈 ×× 同志吗？我是纪委 ××，最近有群众反映一些情况，希望你能协助我们……”杨局长模仿陈书记的语气和表情，惟妙惟肖，对陈书记素来心生敬畏的小科长们笑得格外开怀。

“王局是老实人？愚昧啊，他可坏着呢。从澳大利亚考察回来带了两个仿真蛋，骗人说是鸵鸟蛋，放在高压锅里哧哧地叫上 15 分钟才可以吃。小董还真照做了……”姜晓亮们又是一阵拍掌大笑。

这些例会上的生活段子，会后经群众回去一传达，半小时内就在局里上下传遍。中午大家去食堂吃饭，一说起电话和煮蛋，都心领神会地大笑。

例会由快乐变为沉闷，是这两个月的事儿。

前阵子市里公布“阳光工资”方案。姜晓亮所在单位的薪酬标准原是中上水平，现在一“阳光”，人均年薪减少两万元左右。办公室里顿时怨声载道，人人都喊伤筋动骨。

到了周三例会，安抚职员情绪成了最重要的主题。杨局长指着几个30多岁的中层摇头道：“你们不要老是哭穷，之前工资比 ×× 局高，多拿好几年的钱了，现在就好好干活吧，别成天盯在钱眼上，年轻人要先学会多做贡献。”

中层们哭着脸嘟囔：“您房车兼备工资又高，少一点钱无所谓，我们身上背着房贷车贷，孩子上学还要交赞助费，少几千块都扒一层皮呢！”杨局长见小中层都满身情绪，安抚工作不好做，脸上也露出几分不悦来。

把一些例行公务讲完，杨局长清了清嗓子，突然话锋一转，不点名批评起来：“有些同志一听说发奖金，马上眉开眼笑，一说做贡献，立刻愁眉苦脸。有没有想过，你一天八小时的工作态度，对得起对不起这份工资。”大家闻言都低头做鸵鸟状。

杨局长的脸色愈发严肃：“有的人占着亲戚有消息，放了胆子贷款炒股，这样上班还有心思吗，经常看看行情发发消息，写个稿子却错误百出。听说钱是赚了不少，但是我看要再这样，他工作也做不长了……”

姜晓亮暗地里瞟了一眼尹明，只见他脸色发白，隐约还藏着些怒气。大家都知道尹明的姐夫在证券公司，听说尹明跟着做股票，赚了不少。例会一结束，尹明一言不发地第一个走出会议室。

到中午吃饭的时候，尹明炒股大赚的消息已经路人皆知。“说你贷款炒股？够大胆啊。”“赚了百万了吧，太不够意思了，有消息也放点给兄弟们嘛。”好奇、羡慕、妒忌……各种表情交杂。

尹明气得要吐血：“我吃了豹子胆去贷款？就去年跟着买了些，一直放着没动。后来局里严禁上班炒股，就全卖掉了，一共赚了十万出头。”大家纷纷笑着摇头说不信，你肯定赚大了，赶紧请一顿好封我们的嘴。

姜晓亮以前只体会过调侃领导私生活的快乐，却没想到领导随便拿你点私事当把柄，就够你苦头吃的。他正庆幸自己还在实习，工作不敢懈怠、态度还算端正，没想到杨局长批评起人来一发不可收拾，老实如他，也逃不过。

上周例会，刚说完公事，杨局长就敲敲桌子，发起新一轮批评。“你们问问门卫室，一天局里多少快递来往？有几个同志凑到一起上什么网，还有人利用上班时间卖东西，心思都放在这上头了！我提醒一下，下月起工作检查，一旦发现上班期间上网购物看股票的，一律重罚！”

一番话说得几个“网购族”女同事全低头，姜晓亮心里也是一惊。前阵子他女朋友把闲置的 MP3 放到网上卖，交待姜晓亮叫快递取货。当天在食堂吃饭说起来，正好杨局长经过，还感慨了一句“你小子倒挺会过日子的”。这是指我吗，姜晓亮觉得大家都意味深长地向他报以同情的微笑。

到了下午，情况更糟。姜晓亮上下电梯碰到几个同事，人都冲他挤眉弄眼：“听说你还开网店卖 MP3 啊，给个 VIP 折扣吧，哈哈。”姜晓亮叫苦不迭，这以讹传讹的，不知道到其他人嘴里又传成什么样呢。

姜晓亮这两天把网络订书的送货地址都改了。以前图送单位签收方便，现在全发到学校去。他想，这阵子得分外小心些，谁知道下周开会，杨局长又会拿你什么小事大做文章。

故事二丨人见人愁的“吴祥林”

李蓉蓉第一次听吴倩陈述“苦难史”，是刚进公司不久的一次讨论会上。部门经理交待李蓉蓉等几个新入职的实习生周末跟副经理去广州跑客户。多用点心，多沟通，以后就是你们独立作战啦，方瑜等几个老前辈热心地给新人教授职场交际技巧，并聊起广州客户的脾性来。

吴倩就是在这时候插话的。她温柔地看着李蓉蓉几个，略带羡慕道：“你们要趁年轻多跑跑，多拓展客户。不然到了我们这种年龄，家庭牵绊多了，心有余力不足啊。”李蓉蓉见吴倩大概四十上下模样，部门资深大姐那种，赶紧点头称是。

“你们现在是体会不到的。”吴倩叹了口气，笑得颇为勉强，“早些年我去深圳出差，整整十天，小孩那时才两岁多，家里又没请保姆，只好全权托给老人。结果老人一个疏忽，小孩从沙发上掉下来，后脑勺磕到茶几的角上，送去医院缝了六针！”

李蓉蓉不禁“哎哟”一声叫出来。她最听不得这种伤痛故事，隐约觉得自己后脑勺都疼起来，但又不知如何安慰是好，只好无比同情地看着吴倩。这时经理看看表，说时间差不多了，出差有什么问题会后跟副经理商量吧。于是散会了。

方瑜和李蓉蓉是同一个学校毕业的，因此对小师妹格外照顾些。过了两日，方瑜带李蓉蓉外出吃饭，问起她的工作感受。李蓉蓉说挺好，同事都蛮乐意给新人指点的，“早上吴姐还帮我找资料来着。”李蓉蓉想起那日会上吴倩说的小孩意外，“上次她说小孩从沙发上掉下来，好可怜啊。”

方瑜不置可否地“嗯哼”了一声，想了想又说：“是可怜，不过以后你还会听到她更多的可怜事。”

方瑜透露了不少八卦，李蓉蓉才知道，吴倩在孩子很小的时候就离婚了，这事对她打击很大。一开始大家都还挺同情她的，但后来见她经常不分场合地讲述自己的“苦难史”，尤其开会的时候，说个什么都要牵扯到自己，好像婚姻不幸是因为她忘我工作造成的。大家就觉得吴倩有点“拎不清”了，背地里叫她“吴祥林”。

李蓉蓉私下观察，果然如方瑜所述。

经理说有个项目要在月末前赶出来，所以辛苦大家一下，这阵子加班会比较多。同事们一片叫苦声。吴倩跳出来说，要是三五天也就罢了，要天天加班的，大家可受不了了。“我们这些老人倒无所谓啦。”吴倩撇嘴笑笑，指着李蓉蓉等年轻人，“你要让年轻人天天披星戴月的，人家男朋友就有意见了。说起来当初我要不天天加班出差的，哪会到了快离婚的时候才知道那人在外面有人了……”同事们面面相觑。

诸如此类的事情很多。李蓉蓉发现，大家似乎已达成共识，对吴倩陈述“苦难史”报以冷处理态度。因为你无论是赞同、同情还是反驳，都只会让她更滔滔不绝地讲述。

比如有次会议快结束了，吴倩抱怨突发性加班太多，“上次临下班时说那个报告不行要重新写，改了又改的，我一直忙到八点才回家。我儿子一直等到八点都没吃饭啊，小孩子好可怜的。”

经理觉得她小题大做，就说了一句“你儿子都上初中了，难道不晓得自己去便利店买个盒饭吗”。这简直是打开了吴倩满肚委屈的阀门：“哎哟，小朋友是长身体的时候，我从来不叫他吃盒饭的，那些菜用什么油炒的都不知道。我平时会做很多速冻饺子放冰箱里，偏巧那天吃完了。经理你家有老人有保姆，你是不知道我们单身妈妈又养孩子又工作的辛苦……”

同事们都恨恨地盯着经理，怪他一句引来千万句，耽误了大家的时间。经理头都大了，赶紧“好好好”应下来跑了。

私底下，几个要好的同事也当吴倩是前车之鉴，女人婚姻幸与不幸，都不能活成这样。

李蓉蓉看出来了，吴倩之所以不断在公开场合陈述“苦难史”，是因为她自一次不幸婚姻之后，就自主地贴上了“可怜人”的标签。不断地吐苦水，就是要强调这个标签。她需要公司认同这个标签，承认她劳苦功高，为工作牺牲个人幸福；她需要同事认同这个标签，用同情、赞扬、支持等各种表情来陪衬单身妈妈的坚强与不易。

“所以呀，”方瑜颇为可惜地感慨，“吴倩是名牌大学毕业的，业务能力也不能说不强，可是你看，到现在她连个副的都没混上。”

（林蔚）

专家点评

公私不分难免遭遇尴尬
把握原则以防授人以柄

所谓私事，是自己的事，应该与公事无关，但在现实中，两者难免会扯上关系，于是私事就变成了公事，而且常常是令人尴尬和麻烦的公事。私事变成公事通常来自于三个途径，一是被好事之徒揭发，二是被领导揪住不放，三是自己慷慨分享。

姜晓亮的麻烦在于他的私事被领导揪住了。其实他偶尔在网上卖个MP3本身也不是什么秘密，但在会议上被领导有意提出并批评，这就变成了被领导揭发出的隐私而被广为传播。之前，杨副局长在会上也说别人的私事，但那些事情和工作没有关系，说说也就是满足大家猎奇的心理，在博得大家一笑的同时，也显得杨副局长自己有些幽默和娱乐精神，因为不涉及工作，被说的人也不会有什么损失，最多好像被别人开了个无伤大雅的玩笑。

由此可以看出，私事怎样在会上提，也是门学问。利用上班时间炒股，一旦在会上被领导揪住，上纲上线，再经过舆论的扩大就会变得很具杀伤力。所谓苍蝇不叮无缝的蛋，要想不让自己的这些私事被领导利用，要么就做得绝对隐私，当然这常常很困难，更干脆的方法是索性不要把这些私事带到工作中来做，免得授人以柄。

公事、私事分不开，这其实是在职场中非常忌讳的事情。别看你可能只是在工作时间只做了些小小的私事，在风平浪静的时候的确是好像方便了自己，但关键时刻出卖你的也许就是图点方便做的这些事。

不同于前者，吴倩的私事是自己慷慨分享出来的。她的私事是她试图控制别人的工具。正如吴倩的同事所言，她四处向别人诉说自己的婚姻和生活的不幸，是期待公司承认是工作害她没了家庭，对不起孩子，从而认同她的功劳和付出。

这是典型的受害者心理，即自己的不幸都是别人造成的。认为自己是受害者的人会完全忽略自己的力量，认为自己不得不服从他人牺牲自己，但又心不甘情不愿，因此常常一肚子牢骚。他们晒自己的隐私和痛苦，通常是为了博得别人的认同和关注，从而实现对别人的控制。其实他们最缺乏的是来自自己的认同与关注。他们不能认同当初自己做的选择，更不愿意为后果负责。他们的抱怨让自己远离本身的力量，不仅很难获得承认与关注，还让自己在别人的眼中逐渐变得真的可怜和软弱。

无论过去发生了什么，像吴倩这样有受害者感觉的人应当静下心来想想，如果当初那些选择是错误的，是否从错误的选择中，学习到什么对自己是重要的，然后放下那只指责别人或者自己的手，转而去看看自己想要些什么，并用承担痛苦和指责的力量来追求自己所期待的东西。

要想私事不与公事相遇，其实不易，就像工作与生活很难截然分开一样，因此私事也不是绝对不可以在工作或者开会时提，但需要把握一些原则。

首先，工作中负责与敬业最重要，尽量不占用工作时间做私事，这样就避免了姜晓亮遇到的尴尬与麻烦。在会上也不要随便分享私事，特别是自己的私事，一方面提高会议效率，最关键的是不会让自己成为八卦的主角。但有时像杨副局长那样在会上开些不关紧要的玩笑，既可活跃气氛，也能吸引大家投入会议的注意力，当然时间要短，玩笑的对象最好是上级而不是同级或下属，以免有编排他们的嫌疑。当然，如果你是领导，也可以学习杨副局长，在会上揪出下属的私事，既可用于警示也可用于表扬以提倡某种文化。

其次，关爱自己，及时处理负面情绪，尽量不把坏情绪带到工作中去。有时不是我们不知道职场规则，实在是话到嘴边管都管不住的就在会上开始大肆分享私事，有可能是因为抱怨，也可能因为炫耀。无论原因如何都会让自己的职场形象大打折扣。

另外，在工作中适当地展现对工作发展有益的兴趣爱好或者业余活动，这样的分享私事，可以让领导和同事更全面地了解自己的实力，为自己创造更多发展机会。

最后，既然我们谁都不能避免私事成公事，如果一旦我们因此遭遇尴尬，请不要着急自责或指责他人，先看看发生了什么才产生不愿意看到的结果，最重要的是你从中学习到了什么，要做些什么才能达到目标？

（全球职业规划师　杨开）

小心你的公共空间

故事一 | 微博就像一台“监控器”

当“大榕树”关注孙宁时，孙宁一点儿都没在意。那阵子她正玩微博玩得起劲儿，一会儿联络上老同学，一会儿又结识了同事的朋友。有时候开会认识了同行，聊开心了她也会和对方互相加微博，可热闹了。

之所以不在意，是因为孙宁看到她和“大榕树”的“共同关注”不少。大部分都是同事，也有教育系统的同行，还有她母校的几个名师 。再看看“大榕树”的微博，个人信息里除了显示是同城之外，其他的都是空白。没什么原创内容，大部分是转发，转一些教育新闻、养生知识，还有些心灵鸡汤类的帖子。孙宁猜想“大榕树”可能是同行，“从微博上看，还可能是个挺无趣的同行吧。”

专科学校实习教师孙宁不是带“V”的名人，能多个粉丝挺开心的，于是也就顺手加了对“大榕树”的关注。微博上每天那么多热闹的事儿，忙过几天，她也就忘了。

只有偶尔的互动才会让孙宁想起，“大榕树”是她的粉丝。

比如那天孙宁转发了条微博。“问：老板笨得像头猪，我该怎么办？答：在心里默念我还不如一头猪。”“大榕树”不仅评价了“哈哈”两字，还转发了。

孙宁是“微博控”。学校里日复一日的教学工作、单位和家两点一线的单调生活，现在因为有了微博，变得生动起来。

春暖花开，她拍了张校园里豆梨树繁花满枝的照片发上去，引来一片赞扬。中午吃食堂，调侃下大师傅十几年如一日的厨艺，也能激起大家的共鸣。

网络上的人际交往似乎比现实中更丰富。不过和孙宁互动最多的，也还是那几个平时要好的同事。以前是没课时碰在一起找机会聊，现在则是随时随地有感而发，这样一来，连枯燥的开会学习都能变得稍稍有趣了。

说起开会，可真是大家的心头恨。校长的啰嗦在全市教育系统里是出了名的，最近更麻烦的是，他还喜欢挑周五这种大家本可以早回家的时间，而且会一开就开到下班晚高峰。每回大家饿着肚子堵在路上，心里是各种气。

“现在开始讲第三个方面的第二点里的A部分了！”“以往统计数据显示，今天铁定超过五点！”

“又是老生常谈，怎么不说说××学校送优秀教师去荷兰培训的事！”“放心，校长会说的，荷兰算什么，以我们××的实力，优秀教师都可以去河南学习！”

“你说他哪根筋搭错了，最近就爱挑周五开会，以前我们可是下午四点就解放的！”“有家也不想回，原因只有一个：家庭战争！谁去八卦点内幕来？”

看，幸好有微博，职场的各种负面情绪才能发泄出去。

但是“你若安好，便是晴天霹雳”。

孙宁记得自己那天在学校网讯上看到校长办公室发的通知时，顿时惊出一身冷汗。这哪里是通知，分明是警告。虽然冠以“加强单位员工网络言论管理”之类的名义，但说的都是微博的内容。“希望各位老师不要在上班期间在网络上发表关于学校的负面言论”“希望各位老师通过正规渠道发表意见和看法，不要在网络上对他人造成负面影响”“希望各位老师合理表达情绪，不要道听途说影响他人声誉”。

句句都指向她这几天和同事发的微博内容。

孙宁不敢发微博，只能通过私信和大家讨论谁是“卧底”。推测来推测去，焦点集中在“大榕树”身上。

几个人的“共同关注”里都有“大榕树”，但这人到底是谁，没有人知道。晓红说：“我看到你们都关注他，我才加他的。”莉莉说：“哎呀，我也是。”大家跟孙宁一样，都以为“大榕树”是同事的朋友，或者外校的同行。

虽然找到了“疑犯”，但总要确认的。与领导层关系最好的莉莉被派出去打探消息。结果人一回来就哭丧着脸说，被教导主任训了一通儿，“让大家长点心眼儿，也不想想领导窗外的大树是什么。”

孙宁觉得自己简直笨到了极点。以前觉得微博是自家小院，亲朋好友可以随意坐下来聊天，其实它根本就是个开放的空间嘛，你说什么话都有人记录在案，随时留下“呈堂证供”。尤其是这回，明摆着一台“监控器”就杵在那儿，自己还无知地在微博上肆意发泄情绪、调侃领导。

孙宁马上回到电脑前把自己的微博翻了一遍，所有有“涉事”嫌疑的微博全部删除。但她心里也明白，删也太晚了，她仿佛看到校长笑眯眯地说“等着瞧吧”。

故事二丨他是怎么搜到我的呢

卢敏和公司副总“互粉”完全是形势所迫。那次是和副总一起去北京出差，班机延误，大家在机场等得无聊，有一句没一句地瞎聊着。副总突然问起微博怎么用。

副总在公司里是出了名的“时代老人”，对电子产品、新生事物，接受起来比别人慢好几拍。卢敏调侃他说，哟，您终于要与时俱进啦。副总做谦虚状说，不前进跟不上你们这些小年轻的思维啊。

卢敏拿过副总的智能手机，帮他下载客户端，注册，登录，又询问副总的兴趣爱好，帮他加了些商界大佬、活跃公知的关注。

副总拿着手机兴致勃勃地玩起来。卢敏见他一脸新鲜劲儿，正寻思着要不要偷拍一张发到微博上给同事们乐一下。这时副总突然问：你的微博是什么？

卢敏只能老老实实地报上自己的微博，同时脑子里迅速回忆，近日可有发过工作牢骚之类的内容。

所幸副总刚刚加了她，还没浏览几条就开始登机了。

到了北京就开始忙公事，忙了公事还要忙应酬，结束工作回到旅馆，卢敏只想倒头就睡。但临睡前突然想起与副总互粉了，她赶紧把涉及工作的微博都检查了一遍：抱怨加班的、抱怨年终奖的，批判高层的，统统都删掉了。

这一删，卢敏发现自己发牢骚的微博还挺多的。坦白说，卢敏所在的这家 IT 公司在业内还算不错，工资待遇都处于中等水平。但作为实习才半年的职场新丁，一步一步往上走可不容易。卢敏和公司几个要好的同事、大学同学等经常在微博上说点工作的辛苦和烦恼，“其实也是找个发泄的渠道，发在微博上比较容易得到共鸣。”

但自从被副总关注了之后，卢敏的微博就不能再随心所欲了。第一，上班时间很少发了。第二，关于工作的负面情绪也不涉及了。第三，但凡说到工作，时不时还要自我鼓励或者表个决心，因为她知道副总在看。

“感觉太不爽了！”卢敏觉得不自在，“私人日记”被公开，便再无创作的欲望了。她迅速地注册了一个新号，心里有点儿小得意，嘿嘿，玩得过我么。

新微博第一条，卢敏就发了张午休时间去西湖边泡咖啡馆的照片，并欢呼“终于可以畅所欲言了！”同事小路立刻评论：注意你的发图时间，迟到还是旷工啊，小心老板看到哦。卢敏得意地回复：放心，我的签名这么隐晦，他可没本事找到！

考虑到前车之鉴，她这回仅加了少数几个极要好的同事，其他的都是同学朋友。

卢敏的网络生活又恢复了正常。她和同学交换各种工作学习信息，A 同学赴美国读书，B 同学去新加坡工作，卢敏大呼羡慕，说也想找机会进修镀金，现在这个公司不上不下的，看不到发展前景。她和同事抱怨老板既想马儿跑得快，又不给马儿吃草，调侃说再这么下去就要给“我的 × × 是极品”投稿了等。

直到那天副总找她谈话。

谈话的由头是，卢敏在工作上犯了点小错，报告中弄混了两个数据。这错，说大不大，说小倒也不小，但通常都是由顶头上司来处理。这回是副总亲自出面，同事们无比同情地看着卢敏说，你运气不好，碰到老板心情不爽了。

副总从报告出错联系到卢敏最近的工作状态，直言她态度不端正。卢敏有错在先，只好老老实实地听老总训话。但听着听着就觉得不对了。

年轻人爱玩可以理解，但对待工作要专注。有的人一边工作一边想着开小差，喝个咖啡泡个吧什么的，工作上能不出错吗。别动不动就说加班是被剥削被压榨嘛，公司是信任你看好你，才把项目交给你去做的。哦，卢敏，听一些同事说你还有留学的打算？

卢敏心中一惊，这么私密的小心思老总都知道了？不可能啊，公司里也就两三个死党略知一二。

副总接着做推心置腹状，苦口婆心地教导年轻下属：有上进心是好的，但也要算算投入产出比啊，留学回来还不是一样要找工作。要进修机会是很多的，本来公司就有计划安排你们几个年轻人去日本培训半年，但考虑到你最近的表现，还是决定暂时缓一缓……

卢敏已经没有心思去判断副总的“日本培训”到底是真是假了。在听完长达 40 分钟的训话，走出副总办公室的那一刻，卢敏已经有了一个明确的判断，她的微博小号早已被副总掌握。但他是怎么搜到并悄悄关注我的呢？小路说，笨啊，你以为小号就安全了吗，可能是副总搜附近的人搜到的，也可能是因为你们几个的互动过于频繁，系统随机推荐的。

卢敏此后再也不在微博上抱怨工作了，也不轻易表达个人情绪，原先自由自在的微博对她而言已经失去了意义。“一旦被老板悄悄关注，微博就变成了真心话大冒险啊！”她无奈地说。

（林蔚）

专家点评

公共空间避免一味抱怨
提升自我兼顾双方诉求

网络时代，从社交网站到微博、微信，各种新鲜事物层出不穷。这给日常生活增添了不少乐趣。不过享受乐趣的同时千万不要忘记，自由从来都对应着相应的责任。

网络是公共空间。老实说，在公共空间里，若要人不知，除非己莫为。把微博当成私人庭院，以为网上没人知道你是谁，想说什么就说什么，那实在是一场误会。无知和误判，都难免要付出些代价。两个案例里，孙宁和卢敏明显都不太了解微博，也不了解网络的公共空间性质。

在公共空间，最简单、彻底的安全，一是自身行得端、坐得正，二是对自己所说的话负责，说出的话，言之有物、问心无愧。若本来就心存顾忌，有些话只限于小范围密谈，一开始就不想让某些人看到听到，那么，就需要确保建立好安全的私密空间。

对新鲜事物，从不了解到熟练掌握和适度运用，会有个过程。年轻人但凡擅于学习，擅于从每一段经历中反思和成长，那么任何跌跌撞撞波折起伏，都是有利于长远发展的。就孙宁、卢敏而言，比了解微博和网络的性质特点更重要的，是能从抱怨走向反观自身、提升自己。

只追求在网上想骂谁就骂谁这样的“自由”，无疑是对时间和职业发展的浪费。抱怨意味着对现状不满，与其一味发泄，不如静心反观一下你想改变什么、你的长远目标何在。当你清晰地看见目标时往往会发现，无数原先在意的小事，现在根本影响不到你。

停留在背后抱怨，是弱者的方式。一些人只有牢骚满腹，却不曾为改变现状做任何努力——当你无意间把希望寄托在环境或他人的改变上时，是不可能真正为自己尽力的。

为自己尽力，除了看清长远目标，与目标一致，也包含了环境的选择和建设。

如果畅所欲言对你很重要，那不妨在下一次换工作时，就优先考虑内部有诉怨渠道或鼓励开诚布公沟通的公司。也可以先尝试能否改善当前环境——例如孙宁和同事们对周五开长会不满，可以尝试了解一下校长想要达到的真正目的，再派代表去反映一下大家的意见，力争找到兼顾校长目标也不耽误大家下班的方案。这远比当面默默忍受，背后在微博上言语抨击要积极得多。

如果你真的想尽快提升自身的实力，恰当的方法就是，在为自己尽力的同时，也为他人着想。抱怨的着眼点通常只在“我想要而没有得到什么”，并且认为这全怪别人。不妨试着把思路转换为：我真正要什么？

对方（可以是你工作的机构、同事、上司等任何合作方）真正要什么？怎样能兼顾双方的真实诉求来创造价值？

把时间用于提升自己，岂不比背后抱怨别人有价值得多？

（EAP 心理顾问　谭洪岗）

当助人为乐成为一种惯性

故事一 | 要不要给“热心”定个限度

琪琪从学校毕业不久，在单位实习的时候一直谨小慎微，努力做个乖巧的新人。

以她过去的经验，快速融入一个全新的集体，最重要、最快捷的便是热情、热心，乐于助人。

于是，同事杨姐嘀咕一句洗面奶用完了，琪琪就热心地问是什么牌子，“啊，那牌子的专卖店，我家楼下就有，等着我下班给你带。”

同事小王夸了一句琪琪烫的头发好看，琪琪便拉住小王的手说：“真的吗？你觉得好，我带你去。”这天下班以后琪琪又主动把时间献给了小王——她陪着小王把头发做完。

琪琪的乐于助人在单位传为佳话，正如她所想，同事们谈到她，都交口称赞，夸她懂事，说她是个热心肠。

然而“好人”之名在外，琪琪越发不可收拾。平日里，无论是网上团购各种水或霜的私事，还是买文具、送材料或是去上级主管部门跑个腿之类的公事，或者业余时间同事们集体放松去 K 歌聚餐，找地方、订位这样的琐碎事，琪琪总是率先跳出来说：“我去吧，我方便。”久而久之，一有事大家就不约而同把目光投向她，仿佛这些都是她分内之事。

琪琪有点累，虽然每次同事们都不忘表示对她的谢意。

作为新人，工作要比其他同事更努力，更有效率，而工作之外的事儿又让琪琪分走了许多精力。

很快，职称考试报名开始了。

琪琪所在的行业，每年职称考试的通过率不到 25%，为了好好备战，一起备考的几个同事报了辅导班，这件事从一开始就是琪琪一个人张罗。

比如报名，从网上下载报名表，用网上银行交报名费，考试前去报名点确认，拿缴费发票，直至定时定点拿准考证，其他同事都是全权委托琪琪，他们只提供自己的相关证件。

上辅导班，琪琪的笔记是记得最全的，只因不是杨姐有事不能去，就是小梁突然肚子疼，提前走了，事后，他们会问琪琪：“把你的笔记借我用一下行吗？”后来有人干脆伸着懒腰，对办公室那头的琪琪提议：“你把笔记复印了，给我们每人一份吧，谢谢啦！”琪琪顿了顿，做好人做习惯了，实在不好意思拒绝。

单位的复印机从开机到正式运行有好几分钟时间，杨姐叮嘱琪琪，记得要两面印，不要浪费纸，“还有别让领导看见了，要不他说咱们上班时间干私事。”琪琪站在复印机前呆呆的，她研究了半天如何两面复印，还是不得要领，急得满头是汗。这时，走廊上传来皮鞋哒哒哒的声音——是领导吗？琪琪一边竖起耳朵，一边赶紧收拾笔记和印废了的纸，等皮鞋声消失，她才松了口气。

“我这是何苦呢？”琪琪第一次这样对自己发问。

职称考试终于完了，第一个查成绩，帮同事查成绩的还是琪琪。

紧接着是领证，自然还是琪琪全权代表。

问题出在发票上。

单位规定拿到证书的员工，才能报销报名费和辅导班的费用，而这些费用的发票上回琪琪帮忙拿回来后，就被同事们一致说“就放在你那里吧，回头一起报销”，现在证书她领回来了，发票也在她这，看来报销的事还得她操持。

然而，琪琪在家找了一晚，别人的发票都在，就是没找到小方的发票。她实在想不出会放在什么地方，也想不通怎么单单少了这一张。

上班时，琪琪旁敲侧击问了小方是不是当初把发票拿回去了，惹得小方极大的不高兴，末了，人人都报销了，只有小方没有。大家安慰小方之余，却对琪琪说：“下回办事注意点，别再丢三落四了。”气得琪琪下班时最后一个走，把钱如数放在了小方的抽屉。

琪琪好好和自己谈了一次话，这好人还要不要继续做。

琪琪回想起大学时代，她为处理寝室纠纷，劝分手的情侣和好不知做了多少次好人；研究生时代，为想考她所在学校、专业的同学朋友不知花多少时间印考题、打听招生政策；她又想到在新单位从单纯的热心变成人们眼中的“志愿者”，甚至出了力不讨好的种种，她有些抑郁，又有些明白：从今后，我要给我的热心定个限度，从那些本不需要我出席的事件里抽身，把时间和精力用于更有意义的事上。

几天前，单位组织献血，今年轮到杨姐。

杨姐老大不情愿，她扭着身子走到琪琪面前，苦着脸说：“琪琪，姐求你个事儿。”

没等她说完，琪琪就说：“要是献血的事儿，我可帮不上忙。”

故事二丨当生活被“帮忙”扯得支离破碎

从小到大，“人缘好”就是贴在周零身上的标签，无论老师还是同学，大家都知道她是个热心肠。每学期期末的操行评语上，“乐于助人”的字样屡屡出现，面对这样的表扬，她说自己已经没什么感觉了。

平心而论，这些表扬来得当之无愧。

举个例子，有天早上周零骑车上学，7：40 到校，还差五分钟打铃，眼看着就要迟到了，她正恨不得插上翅膀飞到学校呢，可半路上遇到一个同年级的同学，挎着书包也在玩命狂奔。这个同学周零只是认识，点头之交。换了别人，八成理都不理扬长而去，可周零却停下来，气喘吁吁地对那个同学说：“上来吧，我带你一段。”

载着两个人的自行车蹬起来更吃力了，周零累得已经麻木了，汗水滴在眼睛里也顾不得擦一下。两人冲进校门的一刹那，铃声响了起来。真悬啊，周零腿都软了，一屁股坐在地上，抖着被汗水浸透了的校服。“谢谢，谢谢！”“乘客”一个劲儿地感谢，而周零呢，双手一挥：“别客气，顺便的事儿。”

她真不觉得这是个事儿，能帮别人就帮一把，从小爸妈就是这么教育她的。

周零是家里的独生女，可在大家庭的同辈人当中，她是大姐姐。长辈们对她的要求是“要有个当姐姐的样子”“要懂得照顾别人”。于是，自打记事儿开始，她就成了弟弟妹妹们的“保护神”——堂弟跟小伙伴打架了，她挺身而出替他“平事儿”；表妹包书皮包得歪七扭八，她搞定了自己的之后又“顺手”替她一一弄好；堂弟的自行车丢了，不敢跟家里说只能找她拿主意，她掏出攒了很久的压岁钱给他买了一辆新的；表妹想借她的参考书复习，她一口答应下来，借出去前还仔细地把自己当初用铅笔在书上的勾勾画画擦干净……

这个习惯从小学持续到了中学、大学，直至进入实习阶段。每次帮助别人的时候，周零总是充满了成就感，仿佛在这一桩桩一件件小事中实现了自我价值。大家也都知道她这个脾气，遇到什么需要搭把手的事情，第一个想到的总是周零。

“我就像小品《有事您说话》里面那个人，‘需要帮忙的话找我’‘有什么我能帮忙的吗’这样的话经常顺嘴就秃噜出来。”

可是渐渐地，周零发现一个问题：她永远被一些琐碎的事情包围着。每天晚上写日记的时候，她经常回忆不起来自己这一天到底都做了些什么——帮出差的同事领东西，帮加班的同事订机票，给生病的同事传真紧急文件，下班后开车“顺路”送同事回家——这些，没有一件跟自己有关。

她突然意识到，自己的生活已经被“助人”扯得支离破碎了。

真正碰钉子的是“手机事件”。同事小赵想买个新手机，在办公室里征求群众意见。“买个 PAD 吧，等于买了个随身电脑。”“要我说几百块钱的就挺好，能打电话发短信就行。”“还是得挑个漂亮的，好看最重要。”同事们七嘴八舌，意见极度不统一，搞得小赵更不知如何是好了。

这时候周零站出来，给了小赵一个实质性的帮助：“我的一个朋友是卖手机的，我把他的电话给你，你问问他吧。你就说是我同事，价格上应该没问题，质量也有保证。”小赵感激涕零，当即给了周零一个大大的拥抱。

手机买回来了，问题也来了。几个月之后小赵来找周零：“我这手机信号特别不好，你说他卖给我的不会是翻修机吧？”没几天卖手机的朋友也来电话了：“你那个同事怎么回事啊，冲着你的面子我都没挣她钱，怎么现在又说有问题来找我退货？！”

周零被夹在中间，左右为难。

实在没办法了，她只好自己花钱买了个一模一样的，跟这边说是卖手机的朋友给她换的新机器，真是不好意思，跟那边说是小问题，已经解决了，一切 OK，谢谢帮忙。

事态总算平息下来，代价是周零搭上了半个月的工资和一屁股人情债，更别提自己劳心劳力担惊受怕损失的脑细胞了。她下定决心，类似的“助人”行为，这是最后一次。

（禾禾　米芫）

专家点评

一味讨好满足自尊需要
提升自己改变交往模式

琪琪和周零都是可爱的女孩，从学生时代起，她们的身上就被贴上了一个光彩夺目得令人无法拒绝的标签：乐于助人。走进职场，她们依然终日为身边的人们操劳着，搭时间、搭精力、搭金钱，甚至搭上了自己个人的生活秩序和事业发展，几乎达到“忘我”的境界。

应该说，琪琪和周零都是助人的受益者，比如“好人缘”，比如“懂事”的评价，尤其是心中的“成就感”。她们从不缺乏来自他人的赞美、认可、信任与依赖等，否则，琪琪不会“努力做个乖巧的新人”，周零也不会自打记事起就“充当保护神”，随时“给别人搭把手”。

琪琪这样做基于她从经验中提炼的一个观点：快速融入一个全新的集体，最重要、最快捷的便是热情、热心，乐于助人；而周零的行为举止与儿时起家人对她的教育有很大关系：能帮别人就帮一把，要有个当姐姐的样子，要懂得照顾别人……这些对周零的期待，促使她形成了做个“热心肠”的信念。

但是，意外的事情还是出现了，相信这是任何一方当事人都不愿意面对的，并非蓄意破坏，不过，误会、矛盾、冲突确实给琪琪和周零的助人之举一个大大的挑战。

其实，在我看来，比事件更需要关注的是两人内心深处的挫折感，那些不快的感受：为难、伤心、不满、委屈，压抑了的愤怒，还有高度焦虑——别人会怎么看我？我都做了这么多了，怎么还有人不满意？我怎样做才能让大家都高兴？……她们可能还会为自己不再“助人为乐”而自责。

从表面上看，这些感受都来源于节外生枝的事件和不那么通情达理的同事，但这只是冰山的一角。在我看来，如果用自我负责的态度来反思一下，是琪琪和周零在人际相处的过程中，在高频助人的过程中，时而出现的讨好姿态使自己处于被动而易受伤的位置。

听到“讨好”，你是否会感到其中有些贬义？但是，生活中，谁又从来不讨好别人呢？父母与子女之间，老师与学生之间，老板与员工之间，朋友、同事之间，夫妻、情侣之间等等，讨好常常是必要的姿态、途径，就像华尔兹舞者一样，无论进退都是为舞步更优美、内心更享受。

但是，当“讨好”成为一个人日常应对的惯用姿态的时候，麻烦就来了。因为一个真正的“讨好者”总是在对别人说“是”，顾及不到自己的感觉和想法，总是在用行动表白：“不管你要什么，都没有问题，我答应使你快乐。”但他的内心深处却认定：“没有人喜欢我”，“我觉得自己什么都不是，我是没有价值的人”。“讨好者”最终会发现他不能为自己做任何事，还必须为任何坏事承担责任，而别人给予允许就是幸运不过了。

就像琪琪和周零，她们因同事的猜疑而受伤，自然也是在为同事是否会继续信任自己、允许自己而担心，助人行为没有满足她们内心的渴望和对他人的期待。

值得高兴的是，“忘我”的琪琪和周零终于也觉察到自己受伤了。

这是一个好事，一个转化的开始，因为平时只关注到“别人”和“事情”，现在，她们终于有机会与自己连接，关照一下自己的内心了。琪琪好好和自己谈了一次话，周零也下定决心：类似的“助人”行为，这是最后一次。

实际上，助人并不简单，乐于助人者需及时反思自己的助人动机，其中又有多少讨好的成分？付出时想得到的是什么？任劳不任怨的原因何在？讨好本身不是问题，但如果对自己助人的动机、目的、心理需求不自知，为讨好而助人才是问题。像周零一样，“总是充满了成就感，仿佛在这一桩桩一件件小事中实现了自我价值”才是问题。

“出力不讨好”“生活被‘助人’扯得支离破碎”，这不是别人的错，不能一味指责别人、期望别人作出改变。我们只有对自己的行为，还包括自己的感受、观点、期待等全部负责任，并愿意为自己重新选择，才能用一种健康、愉悦的方式体验自己，达成真正的自尊，用更正面的能量面对生活，找到自我实现的途径。

善良的琪琪和周零虽然受到了冲击，但她们有很强的生命力，这体现在她们愿意学习、尝试改变上。心理学家说：所谓命运，就是强迫性重复。改变命运，不再暗叹“我这是何苦”的方法，就是打破自我强迫怪圈，变换自我满足方式。

人际相处不单单只是助人一个内容，也不单单只有助人一种方式，提升和发展好自己，做一个自尊、自信、有能力的人，同时，力所能及地帮助他人获得满足，给予他人以精神上的关注、信任与支持，方能享受到更为亲密的关系，彼此滋养，体验“我好，你也好”带来的喜悦。

（北京市东城区教育研修学院　朱虹）

都是“大嘴巴”惹的祸

故事一丨被有意无意的闲聊给坑了

韩晓洋并不知道，调离总部两年多了，她仍是公司老员工拿来教育新人的范例。“多做事少说话，别像以前那个傻乎乎的小韩，死都不知道怎么死的。”

韩晓洋当年进这家垄断企业，是费了一番周折的。大学毕业时她兴冲冲地返回小城投考国字号大企业，却发现这样的企业，无数大学生都谦卑地涌在门口企盼召唤呢。韩晓洋的毕业证虽镶了名牌的金边，能量却微乎其微。这年头拼的是关系人脉，眼见着次次面试都成了陪太子读书，韩晓洋的父母急了，发动亲友大联盟，终于找到了在一家垄断企业任高管的郑主任。郑主任收了厚礼，又见韩晓洋文凭能力确实都不错，就出面推荐了一把。再面试，韩晓洋终于胜出了。

大企业的工作并不繁重，韩晓洋在实习期负责宣传文稿工作，她毕竟名校中文系出身，处处得心应手。清闲的时候同事们爱聊八卦，说得最多的当然是单位里的蜚短流长。韩晓洋自知资历尚浅，不够评头论足的资格，所以从来都是竖起耳朵听个痛快。只有一回闲聊说起国际金融危机，韩晓洋感慨："不知道我们会不会也裁员啊。"同事笑她杞人忧天，说我们要裁员了，那估计其他企业都倒得差不多了。正哄笑着，最八卦的王丽冲她一笑："裁也裁不到你啊，听说你是郑主任介绍来的，有他罩着呢。"

韩晓洋颇为恼火，王丽这么一说，自己的能力才识都被忽略了，能进这个门的谁不是有点关系的，但我若不是英语六级日语二级还发表过多篇作品，能 PK 掉那么多人吗？韩晓洋不动声色地笑："不熟啦，就是有个姑姑认识他，帮我收了下简历。"同事们倒也不在意，转头又说起郑主任的八卦来。

韩晓洋为彻底撇清关系，积极参加到讨论中，从而知晓了郑主任的很多八卦：能当上主任是因为有个当市领导的同学；上班主要研究股票，是单位的三大"股神"之一；普通话极不标准，每次开会发言底下都笑倒一片…… 她对郑主任并无好感，虽然人给了她一个机会，但总是一副有恩于她的样子，让韩晓洋挺不舒服的。

韩晓洋此后积极投入"八卦会"里，她意识到职场八卦带来的好处，一旦看清背后的缘由，就不再像新人一样懵懂无知了。单位的茶水间、聚餐的小馆子、候车的公交站…… 到处都是韩晓洋发散和收集职场秘密的好去处。

她没想到最后是被这些有意无意的闲聊给坑了。

韩晓洋跟王丽趁午休去单位旁边的银行办事。两人领了号坐在等候区闲聊。说起最近单位里的人事斗争，又说到了当事人之一的郑主任。

王丽笑：“你肯定被划入‘郑派’了，我看郑很关心你呢，每次见到都夸你工作做得好。”

韩晓洋最烦她提这个：“没有，真是不熟呢，一个月也说不上两次话。就他那口音那普通话，我还得要翻译才听得懂。”

两人大笑起来，将郑主任经典的普通话笑话回味了一遍。韩晓洋趁机撇清：“沟通都挺困难的，我们这些知识分子怎么可能跟他一派呢。”王丽点头，两人又综合郑主任的人脉关系，对公司的人事纠纷点评了一番。

韩晓洋压根儿没想到“隔墙有耳”这回事儿。其实公司附近的银行，午休高峰期遇见同事的概率是极高的。何况是在这样的公共空间里说职场流言，根本就是送到人耳朵里。

两个月后，韩晓洋突然收到通知，被调配去了郊区分公司。这一换，上下班路上得两小时，福利也减了三成。韩晓洋慌慌张张地去找郑主任。郑主任笑眯眯地说：“锻炼的好机会要珍惜啊。”

后来有八卦人士说，韩晓洋那天中午在银行说的话，下午就传到了郑主任耳朵里。郑主任冷笑了一声：“现在的年轻人狂得很啊，小小一个本科生，也敢称知识分子。”

故事二 | 常在河边走，哪能不湿鞋

李磊赴饭局，刚入座，几个朋友就催他讲故事：“这家伙演技派，应该去考电影学院。”李磊在朋友圈是出了名的好玩，每次聚会他给大

家讲单位的趣事，连说带演的，轻易就笑翻一桌人。这会儿见有俩新面孔 MM 在场，李磊兴致立马高了，“哎，今天来了仨中东客户，公司里会英语的全上了，逗死我了。”

大家都竖起耳朵听他怎么个逗法。李磊却突然想起什么似的，收了兴致，敷衍道：“嗨，就是鸡同鸭讲，讲不通，逗死了哈哈。”大家没听到笑点，不过瘾，让他再讲好玩的。李磊摇头，“都金融危机了还有什么好笑的，先吃饱饭正经。”说罢就埋头狂吃起来。

李磊想起的是上个月那次聚会。每每一想起来，他就恨不得有块神奇的橡皮擦，把自己从酒桌上抹去。

其实不过是个普通聚会。几个老友吃饭，老友又带了新朋友，要了个包间，十来个人凑成一桌。饭局氛围也不错，都是大学刚毕业正在实习的年轻人，都在商贸行业，两杯酒下肚就热络起来了。酒足饭饱后开始胡侃，说着说着，就聊到了极品上司。有几个在公司是“杨白劳”，这会儿争先恐后地爆上司的料。李磊的上司不算极品，不过难免有笑话被下属传播。李磊见氛围热烈，就给大家表演起来。

李磊说他的王上司特爱炫耀自己是考过英语六级的，可是每次有国外客户来，王都要急招下属当翻译，而且必须寸步不离。“有一回来了个以色列客户，王中午请吃饭，到了饭馆让我问以色列人想吃什么。以色列人说 potato（土豆）。”李磊的表情开始丰富起来，“哎呀把王高兴的，一上午没听懂说什么了，这会儿可终于听明白了。我还没翻译呢，他就大声地跟服务员说‘给这老外来个炒番茄（tomato）’！”

众人哄笑，李磊趁机哼起歌来：“You like potato，I like tomato（你爱土豆我爱西红柿）……”大家乐得直拍桌子。

气氛越热烈，李磊的表演欲高涨。大家还没笑完，他已经开始讲第二段了。“王去美国出差，到了入境处人家问他问题。问了三遍王都没听懂，沉默了一会儿王笑眯眯地说，你写，你写，你写下来我就看得懂了。”李磊忍住笑，“他回来还跟我们得意呢，说凭老子当年过六级的阅读理解能力，还看不懂你的问题？”

大家爆笑：“后来呢？”

“后来老美翻翻白眼，挥挥手让他过去了呗。”又一阵笑。

总之这是个愉快的聚会，李磊是饭局的中心，是大家的开心源。吃好喝好又玩好之后，李磊很快就忘记了这次寻常的聚会。

直到两个星期前，他在经理办公室门口碰到L。经理给他介绍：“L，我师弟，也是我们大力发展的客户哦。”

L笑眯眯地说：“我们认识。”李磊看着他似笑非笑的表情，突然想起来，这家伙就是上次聚会中笑得筷子都掉地上的那个！

李磊强颜欢笑地客套着，背上却一阵发凉。他想起那次聚会上，L既然知道了他的公司和部门，那也早知道王就是那个搞笑上司。看他和王称兄道弟的模样，那些酒桌上的笑话是不是早已经传达给王了？

李磊此后没有再遇到L。但他做贼心虚，总觉得王上司已经知晓了他的“劣迹”。王批评他的工作，给他加班任务，李磊觉得都是因为他“大嘴惹的祸”，甚至有时王一个不动声色的微笑，李磊都觉得是意味深长的：你小子，敢笑话我？哼哼。

这些不确定的信息让李磊的心理压力猛增，为了“赎罪”，他只能表现得越发老实谦卑，越发认真积极。

有时候李磊会觉得自己运气背，“人海茫茫怎偏偏遇上那厮……”

但有时他也会反省，平日里太热爱表演办公室故事了。常在河边走，哪有不湿鞋？

（林蔚）

专家点评

论人是非触犯人际规则
理清源头加强自我管理

背后之议，当事人常若刻骨。

因为没有管住自己的嘴，好不容易胜出的韩晓洋被调离总部、待遇大降，李磊心理压力陡增、多日看着领导脸色加班工作。我想，他们心里虽未必有刻骨之痛，但或多或少都会感觉委屈、不满、担忧、不安、气愤、遗憾…… 另外，后悔莫及。

在付出了身心被折磨的代价后，韩晓洋终于知道了“隔墙有耳”，而李磊则在充分体验到什么是“做贼心虚”后，学会了反省以及在聚会中三缄其口。

可能不少成熟职业人会说，这俩人社会经验太少了，职场中、同事间不能说真话，更不要开领导的玩笑，要随时提防告密，如果太放松、太相信别人，就有可能被小人戕害；还有评论家会从道德和禁忌的角度，说故事中的人做错了，起码是触犯了人际相处的规则——闲谈莫论人是非。但是，适应职场，在公共空间中轻松自处，有这么简单吗？

爆料，八卦，针对领导，从表面上看，有些人是出于功利的目的，有些人是在排解工作压力，有些人可能是在报复，而有些人只是逞一时口舌之快。韩晓洋的初衷是彻底撇清与郑主任的关系；而李磊是为了成为饭局的中心，做“大家的开心源”。但是，深入他们的内在，怎能不发现他们行为的真正源头，那些深深埋藏的期待和渴望——获得注意、被同侪接纳、融入社群、能力获得肯定、观点获得认同、与他人建立亲密关系……

还有，那些焦虑。每个人都有一种根本焦虑，称为“存在性焦虑”或“忧惧”。人类活动大部分是为了缓解这种焦虑、降低不安全感，于是忙于做各种事情以获得价值感、优越感，证明自己于他人及社群是有用的，同时忙于与他人建立关系以获得安全感。

越了解自己越能增进自己的内在和谐及与他人的和谐，越有可能理智地做好自我管理。所以，在忍不住要说些什么的时候，可以问问自己：“我想要什么？”“别人想要什么？”“我们想要什么？”“这是为什么？”

俗语云，说人是非者，自己便是是非之人。我愿意做这样一个人吗？谁人背后不说人，谁人背后无人说？我喜欢被人评头品足吗？

同事开始怀疑我会不会在别人面前同样编排他自己，渐渐不敢增进彼此间的关系，而是设法疏远，我能保证自己毫不在意吗？

静坐常思己过，自己修身养性、自我发展，尚且力不能及，我愿意花更多工夫去评论他人的是非过失吗？

好话不背人，背人没好话，担心告密，是否表明我也在担心它会害人害己？

很多人都想要开放自己，打破自己的心墙和防卫，克服与人保持距离的习性，赢得别人的肯定，但可惜的是，转移话题、嘲弄他人的方式并不恰当，甚至相当危险。

我们可以多做事少说话，那可以从另一个角度展示自己；我们可以分享自己的观点和感受，那可以帮助别人走近自己；我们还可以自嘲，那是幽默的最高境界。总之，那些期待和渴望，我们本可以用很多其他方式来满足。

“我选择做什么？”

在别人召开八卦会的时候，每个人都可以有不同选择，可以完全对自己负责。

经常说别人的是非短长，迟早都会传到别人的耳朵里去，结果必将引来别人的不满，甚至仇恨和报复。因为我们既然能够伤害到别人，别人也能够伤害到自己。而当这样的结果来临时，接受它而不应一味埋怨，因为，它是我们自己的行为带来的，与我们有待发展的自尊、自信有直接关系。

更智慧的做法是让每一件事情都成为学习的机会，在每一场危机中谋求成长，因为没有任何事情是微不足道而不需要探索的。

每个人的成长都是从依赖环境逐渐进入独立和个体化的过程。不再抱怨职场有多黑暗、社会有多复杂、人际关系有多险恶，悉心体察事情有不同的可能性，了解别人（包括领导）也有不同于己的世界，铸好并固定住帮助自己做人做事的那锚，这样才能接纳他人的差异，融入大大小小的社群，与人和谐共处，敏感而负责，用个人意志调和自己、他人和社群的需要，不至于产生冲突。

随心所欲不逾矩，是过程而不是奇迹。

（北京市东城区教育研修学院　朱虹）

实习备忘录

1. 在公共空间，最简单、彻底的安全，一是自身行得端、坐得正，二是对自己说的话负责。
2. 在群体中保持思维与众人一致，在一致性中保留个性。
3. 提升和发展好自己，同时力所能及地帮助他人，方能享受到更为和谐的职场关系。
4. 越了解自己越能增进自己的内在和谐及与他人的和谐，越有可能理智地做好自我管理。
5. 私事应尽量避免带到工作中，一旦遭遇私事成公事的尴尬，应着眼于吸取教训。

读读看看文化
北京读读看看文化发展股份有限公司